안녕하세요! 이 책을 펼쳐 읽고 있는 당신이 궁금합니다.

서문을 쓰고 있는 저는 이 문장들을 읽어 내려가고 있는 당신이 누구인지 전혀 알지 못합니다. 그렇지만 당신이 다음에 이어지는 문장을 읽고 그대로 따라 했을 때, 당신 머릿속에 떠오르는 것이 무엇일지 맞힐 수 있습니다. 믿기 어렵다고요? 한번 해 보시죠.

① 우선 당신의 나이를 숫자로 써 보세요. 아마도 당신의 나이는 두 자리 숫자일 거예요. 혹시 한 자리 숫자라면 앞에 0을 붙여서 두 자리 숫자로 써 주세요.

② 이제 당신이 쓴 숫자를 거꾸로 써 주세요. 만일 25라고 썼다면 52라고 쓰는 거죠.

③ 당신이 쓴 2개의 숫자 중 큰 것에서 작은 것을 빼서 써 주세요. 52에서 25를 뺐다면 27을 쓰면 됩니다.

④ 마지막에 쓴 숫자의 각 자릿수를 더해 주세요. 더한 값은 한 자릿수가 되어야 해요.

⑤ 그 한 자릿수에서 6을 뺀 값에 해당하는 알파벳(1이면 A, 2이면 B, ···)을 떠올리세요.

⑥ 그 알파벳으로 시작하는 동물을 떠올리세요.

아마 당신은 C로 시작하는 동물로 고양이를 떠올렸을 겁니다. 제 추측이 맞나요?

사실 이것은 간단한 수학 마술에 불과합니다. 당신은 단계 ④에서 9라는 수를 얻었을 것이고, 여기서 6을 뺀 값은 3입니다. 3에 해당하는 알파벳은 'C', 쉽게 떠올릴 수 있는 동물은 'CAT', 즉 고양이죠. 그런데 어떻게 단계 ④에서 9가 나오는지 알고 있었냐고요? 바로 이 부분 때문에 '수학' 마술이라고 말한 것이랍니다.

수를 나타내는 기호, 숫자. 우리는 숫자를 통해 시간을 재고, 거리를 측정하며, 물건을 세는 등 수많은 활동을 합니다. 주로 학교에서는 숫자를 이용해 계산하는 법을 배우고 익히기 때문에 유용함보다는 지루함을 느낄 때가 많지요. 하지만 앞에서 소개한 수학 마술처럼 숫자 속에는 뜻밖의 놀라움과 재미가 숨어 있습니다.

당신이 미처 알지 못했던 수와 숫자에 대한 흥미로운 이야기가 이 책에는 가득합니다. 책을 읽으면 숫자 7이 행운의 숫자로 여겨지는 이유도, 13일의 금요일이 얼마나 자주 오는지도 알 수 있지요. 그뿐만이 아닙니다. 병뚜껑 톱니 개수나 동영상 프레임 수에 숨은 비밀도 알 수 있습니다. 포커 카드와 마야 달력에 관련된 수나 가장 빛나는 다이아몬드를 만드는 숫자, 베토벤 9번 교향곡을 담기 위한 최적의 숫자가 무엇인지도 알게 될 겁니다. 35의 제곱을 1초 안에 계산할 수 있게 되는 건 덤이고요. 수학이라면 머리부터 아파지는 사람도 쉽게 읽을 수 있도록, 0부터 100까지 숫자에 대해 쉽고 재미있는 이야기들을 꾹꾹 눌러 담았습니다.

'백인백색(百人百色)'이란 말이 있습니다. 사람들에게는 저마다 다른 특색이 있다는 뜻이죠. 0부터 100까지 101개의 숫자에 관한 이야기를 모으다 보니 숫자 역시 하나하나가 독특한 특색으로 빛나고 있음을 알게 되었습니다. 혼자만 알고 있기엔 아까운 101가지 숫자 이야기, 당신과 함께하고 싶습니다. 같이하실 거죠?

송명진 드림

차 례

$\sqrt{a+15}$

$$\left(\frac{2}{a} + \frac{1}{b} \right)$$

$$\frac{n1 - n2}{n3}$$

A+B=C

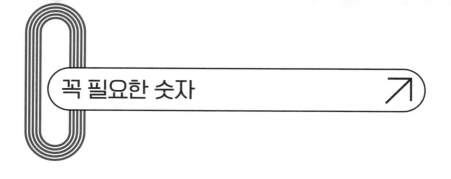

꼭 필요한 숫자

영어를 처음 배울 때 'I have no ~'라는 문장이 참 이상하게 느껴졌다. '나는 차를 한 대 가지고 있어'를 영어로 하면 'I have a car'인데, '나는 차가 없어'는 영어로 'I have no car'라고 하는 거다. 우리말에서는 서술어 '있다'가 '없다'로 바뀌었는데, 영어에서는 동사 'have'는 그대로 두고 'a'만 'no'로 바뀌었다. 영어 문장을 그대로 옮기면 이렇게 된다. '나는 가지고 있다. 없는 차를.' 차가 없다는 것을 'no car'로 표현하다니 참 이상했다.

유럽 사람들도 숫자 0에 대해 비슷한 생각을 가졌던 듯하다. 아무것도 없는 상태를 왜 굳이 표시해야 하는지 이해하지 못했기 때문에 13세기까지 0을 수로 인정하지 않았다. 아무것도 없다는 건 실체가 없는 것

바빌로니아나 마야에서 사용된 0을 나타내는 기호. 바빌로니아에서는 사선의 이중 못으로, 마야에서는 조개껍데기 모양으로 '해당 자릿수가 없음', 즉 0을 나타냈다.

12

이니, 이를 수로 표현한다는 게 이상했을 것이다. '없음'을 나타내는 기호, 그게 바로 숫자 '0'이다.

　0이 없었다면 우리 세상은 어떻게 달라졌을까? 실제로 과거 유럽에서는 0 없이 알파벳으로 숫자를 표기하는 로마 숫자 체계를 사용했다. 그래서 로마 숫자로는 계산하기가 굉장히 번거로웠고, 큰 수를 표기하기도 어려웠다.

　0이 없었다면 수학은 존재하지 않았을 것이다. 다행스럽게도 고대 바빌로니아, 인도, 마야 사람들은 수천 년 전부터 0의 존재를 알았고 0을 여러 가지 기호로 나타냈다. 그뿐만 아니라 인도 수학자들은 0을 수로 인정하고 활용하는 단계까지 나아갔다. 0의 발견으로 우리가 쓰고 있는 10진법 숫자 체계, 즉 숫자가 놓인 자리에 따라 값이 달라지는 '위치기수법'이 완성되었다. 인도 수학자들의 0에 대한 연구는 아랍 세계를 거쳐 유럽 전체로 퍼져 나갔다. 13세기에 피보나치가 아라비아 숫자를 유럽으로 들여오면서 유럽 수학자들은 0과 음수 개념을 발전시켰다. 이후 17세기에 데카르트가 수직선 위에 0을 표시하고 왼쪽을 음수, 오른쪽을 양수로 해석하면서 숫자와 도형이 하나가 된 '해석기하학'이 시작됐다. 현대 사회를 움직이는 중요한 수학적 개념인 미적분은 이 해석기하학에서 나왔다. 심지어 현대 수학의 논리적 바탕을 이루는 집합론에서는 아무것도 없는 집합인 공집합($\emptyset$)을 0으로 정의하고 이로부터 1, 2, 3, …, 모든 자연수를 이끌어 낸다.

현대 컴퓨터 기술과 데이터 통신 시스템의 발전은 0 없이는 불가능했다. 컴퓨터는 2진법을 사용해서 정보를 처리하는데, 2진법은 0과 1만으로 모든 정보를 표현하는 시스템이다. 텍스트, 이미지, 음성 등 다양한 정보가 0과 1의 조합으로 표현된다. 전화, 인터넷, 컴퓨터 네트워크 등 모든 데이터 통신은 0과 1의 신호를 사용해서 정보를 주고받는다.

숫자 0은 '없음, 비었음, 시작, 영원함'과 같이 다양한 뜻을 담고 있다. 예를 들어 702란 수에서 0은 십의 자리에 아무것도 없다는 사실을 나타내는데, 이로부터 0이 텅 비어 있음을 상징한다는 것을 알 수 있다. 새해 첫날이 0시 0분 0초로 시작하듯 0은 새로운 시작을 상징하기도 한다. 원에는 시작점도, 끝점도 없다. 그래서 원과 똑같은 동그라미 모양의 숫자 0은 영원한 순환을 의미하기도 한다.

아무것도 없음을 뜻하는 숫자 0. 이 숫자가 나타내는 값은 아주 작다. 하지만 우리 일상에서 없어서는 안 되는 꼭 필요한 숫자이다.

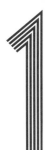

모든 수의 부모 ↗

‘처음’과 ‘시작’을 나타내는 1은 참 특별한 숫자이다. 한 해를 시작하는 새해 첫날은 1월 1일부터 시작한다. ‘천 리 길도 한 걸음부터’, ‘한술밥에 배부르랴’라는 속담에서도 1은 모든 사물의 시작과 첫걸음을 뜻한다. 개수를 셀 때도 가장 작은 자연수인 1부터 시작한다. 여러 문명에서 저마다 수를 각기 다른 기호로 표시했지만, 작은 점이나 짧은 쐐기 모양, 또는 짧은 막대기 하나와 같이 기본이 되는 기호로 1을 나타낸 다음엔 여러 개의 1을 반복해서 2, 3, 4, …와 같은 더 큰 수를 표시했다. 수학에서 자연수를 정의하는 방식도 이와 비슷하다. 가장 작은 자연수를 1이라고 정의한 다음, 다음 수인 2를 정의한다. 다시 2의 다음 수인 3을 정의하고, 이를 반복해서 4, 5, 6, … 무한에 이르는 자연수를 구성한다.

1에는 ‘으뜸, 최고’라는 뜻도 있다. ‘1등’, ‘1인자’, ‘업계 1위’와 같은 말은 무리 중에서 가장 뛰어난 것을 가리킨다. 그러다 보니 1을 가장 위대한 존재인 신과 관련된 신성한 수로 여기기도 한다.

고대 철학자들은 1이라는 수를 모든 수의 부모로 생각했다. 다음과 같이 1이라는 숫자로만 이루어진 수를 제곱하면 다른 수들이 생겨나기 때문이다.

$$1 \times 1 = 1$$
$$11 \times 11 = 121$$
$$111 \times 111 = 12321$$
$$1111 \times 1111 = 1234321$$

신기하게도 1을 하나씩 늘려 갈 때마다 새로운 숫자가 가운데에서 나타나는 것을 볼 수 있다. 1이 하나뿐인 1을 제곱할 때는 그냥 그대로 1이지만, 1이 2개인 11을 제곱한 값의 가운데 숫자는 2가 된다. 1이 3개일 때는 3이 나오고, 1이 4개이면 4가 나오고…. 진짜 이 계산이 맞는지 연필을 들고 계산해 보고 싶은 생각이 든다. 위의 계산에서 1이 4개 있는 1111×1111을 세로셈으로 계산해 보자. 네 자릿수의 곱셈이니까 복잡하고 어려울 것 같지만 다음처럼 생각하면 덧셈으로 간단하게 계산할 수 있다.

1111은 천, 백, 십, 일이 각각 하나씩 있는 수이다. 즉, 1111 = 1000 + 100 + 10 + 1이다. 그래서 $1111 \times 1111 = 1111 \times (1000 + 100 + 10 + 1)$이라고 생각할 수 있다. 이 곱셈을 세로셈으로 써 보자. 4개의 1을 연이어 쓴 다음 왼쪽으로 1칸씩 밀어 가면서 4줄을 쓴 다음, 각 자리에 몇 개의 1이 있는지 세어 써 주면 된다. 바로 다음처럼 말이다.

```
        1  1  1  1
   ×    1  1  1  1
   ─────────────────
        1  1  1  1   ←  1  1  1  1  ×  1
     1  1  1  1      ←  1  1  1  1  ×  1  0
  1  1  1  1         ←  1  1  1  1  ×  1  0  0
1  1  1  1           ←  1  1  1  1  ×  1  0  0  0
─────────────────
1  2  3  4  3  2  1
```

그렇다면 이런 규칙이 언제까지 계속될까? 이런 규칙은 9개의 1로 이루어진 111111111을 제곱할 때까지 계속된다.

$$111111111 \times 111111111 = 12345678987654321$$

하지만 그다음부터는 규칙이 깨진다. 10개의 1로 이루어진 수를 제곱하면 다음과 같이 가운데 10억의 자리, 100억의 자리에서 받아올림이 되기 때문이다.

$$1111111111 \times 1111111111 = 12345678900987654321$$

숫자 2개면 다 셀 수 있을까?

$$2 = 1 \times 2$$

가장 작은 소수이자 첫 번째 소수

수를 셀 때, 우리는 보통 10개가 모인 것을 하나의 단위로 한다. 1이 10개 모이면 10, 10이 10개 모이면 100, 100이 10개 모이면 1000, 1000이 10개 모이면 10000… 이렇게 10개씩 묶어 센다. 그런데 10개씩 묶어 세지 않고 5나 12를 묶어 단위로 써도 될까? 당연히 가능하다. 고대 바빌론에서는 수를 세는 기본 단위로 60을 썼다. 우리가 연필 12자루를 한 다스(요즘엔 일본식 표현을 지양하여 '한 타'라고 함)라고 하는 것은 12를 기본 단위로 쓴 것이다.

진법은 몇 개의 기본 숫자를 이용해서 수를 표시하는 방법이다. 자릿값이 올라가면 수가 일정하게 커지는 규칙을 이용해서 수를 표시한다. 우리가 일상에서 쓰는, 10을 기본 단위로 수를 표시하는 방법을 10진법이라고 부른다. 10진법에서는 0, 1, 2, …, 9의 10개의 숫자를 이용하여 아주 작은 수에서부터 아주 큰 수까지 나타낸다. 수의 자리가 하나씩 올라갈 때마다 자릿값이 1에서 10, 10에서 100, 100에서 1000으로 10배씩 커진다.

숫자 계산을 하는 데에 제일 좋은 도구는 컴퓨터다. 하지만 컴퓨터는 사람이 계산하는 것과는 다른 방법으로 계산한다. 컴퓨터는 2를 단위로 해서 수를 표시하는 2진법을 쓰기 때문이다. 2진법은 0에서 9까지의 숫자 대신 0과 1을 여러 번 사용해 나타낸다. 컴퓨터 내부에 있는 아주 작은 전기 회로가 켜져 있으면 1, 꺼져 있으면 0이다. 2진법은 숫자를 적는 방법, 즉 컴퓨터 메모리에 저장되는 방법이 다를 뿐 숫자가 나타내는 수는 다 그대로다. 2진법에서는 수의 자리가 하나씩 올라갈 때마다 자릿값이 1에서 2, 2에서 $4(=2^2)$, 4에서 $8(=2^3)$로 계속해서 2배씩 커진다. 예를 들어 2진법으로 나타낸 수 101이 우리가 쓰는 10진법으로 얼마인지 알아보려면 다음과 같이 각 자리가 나타내는 수를 모두 더하면 된다.

$$101_{(2)} = 1 \times 2^2 + 0 \times 2^1 + 1 \times 2^0 = 4 + 0 + 1 = 5$$

컴퓨터가 사용하는 2진법을 연구한 사람은 독일 수학자 라이프니츠였다. 외교관이기도 했던 라이프니츠는 중국에 선교사로 나간 부베 신부로부터 신기한 책을 받았다. 중국 주나라 시대의 점술에 대해 적은 책이었는데 '--'과 '-'의 두 기호를 여섯 층으로 쌓아 올려 만든 64개의 괘가 적혀 있었다. 이를 본 라이프니츠는 64개의 괘를 0에서 63까지 64개의 수와 대응시키면서 '--'을 0으로, '-'을 1로 바꿔 0과 1로 모든 수를 표현하는 '2진법'이라는 아이디어를 떠올렸다고 한다.

이제 2진법에 대해 알았으니, 2진법을 이용하면 쉽게 풀 수 있는 문제 하나를 소개해 볼까 한다.

먼 곳으로 여행을 떠난 청년이 여관에서 일주일간 머물기로 했다. 가진 돈은 없었지만, 청년에게는 은으로 만든 고리 7개로 이루어진 팔찌가 있었다. 여관 주인은 하루의 방값으로 그 팔찌의 고리 하나를 달라고 했다. 팔찌로 방값을 낼 수 있게 된 청년은 마음을 푹 놓았다. 그런데 문제가 생겼다. 여관 주인이 고리를 매일 하나씩 달라는 거다. 팔찌의 고리를 자르기가 쉽지 않기 때문에 청년은 고민에 빠졌지만 금방 문제를 해결했다. 다음 중 어디를 잘랐을까?

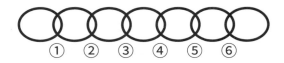

아무 생각 없이 여섯 군데를 자르면 고리가 낱개로 풀어진다. 하지만 중간에 있는 고리들은 잘리는 곳이 두 군데씩이라서 2번, 4번, 6번(혹은 1번, 3번, 5번) 위치를 자르면 고리의 훼손을 줄이면서 7개의 고리가 모두 풀리게 할 수 있다.

더 적은 노력으로 문제를 해결할 수는 없을까? 2진법을 이용하면 쉽게 답을 찾을 수 있다. 팔찌의 3번 위치를 잘라 팔찌를 고리 2개짜리, 1개짜리, 4개짜리로 나누자.

첫날은 1개짜리 고리 하나를 준다. (1)

둘째 날은 2개짜리 고리를 주고 1개짜리 고리를 받는다. (2)

셋째 날은 어제 2개짜리를 주고 나서 받은 1개짜리 고리를 준다. (1+2)

넷째 날은 이제까지 준 고리를 다 받고 4개짜리 고리를 준다. (4)

다섯째 날은 1개짜리 고리를 다시 준다. (4+1)

여섯째 날은 어제 준 1개짜리를 돌려받고 2개짜리 고리를 준다. (4+2)

일곱째 날은 남은 1개짜리 고리를 준다. (4+2+1)

7개의 고리로 방값을 매일 치를 수도 있겠지만 1개, 2개, 4개와 같이 2진법의 자릿값을 가지는 개수로 나누면 방값을 제대로 내면서도 고리를 자르는 수고를 덜 수 있다.

더하거나 뺄 것 없는 완전한 수

$$3 = 1 \times 3$$

홀수인 소수 중 첫 번째 수

많은 문화권에서 숫자 3은 완전함을 나타낸다. 서양에서는 숫자 3을 선을 상징하는 1과 악을 상징하는 2가 더해진 완벽한 숫자라고 보았다. 더하거나 뺄 것 없는 안정된 구조를 가진 숫자가 3이기 때문에 신화나 종교에서는 세 가지로 무엇인가를 구분하는 형태가 자주 나온다.

그리스 신화에서는 세상을 셋으로 나눠 제우스는 하늘을, 포세이돈은 바다를, 하데스는 지하 세계를 다스린다. 기독교에서는 성부, 성자, 성령이 삼위일체로서 유일신을 의미하며, 불교에서도 석가모니 부처를 중심으로 보통 왼쪽에 문수보살, 오른쪽에 보현보살의 삼존불이 있다. 램프의 요정 지니는 알라딘의 세 가지 소원을 들어주고, 삼국지의 제갈량은 조자룡에게 계책을 담은 주머니 3개를 준다.

숫자 3은 스포츠에도 자주 등장한다. 야구에서 투수는 스트라이크 3개를 던져 타자를 잡고, 3명의 타자를 잡으면 공수가 바뀐다. 타자는 3개의 베이스를 지나 홈으로 돌아오면 1점을 얻는다. 축구에서는 1명의 선수가 1경기에서 3골을 넣는 경우를 해트트릭이라고 한다.

수학에서도 3은 아주 중요한 숫자다. 우리가 경험하는 물리적 세계는 3차원 공간이며, 평면을 정의하는 데 필요한 최소한의 점은 3개다. 3개의 점과 3개의 변, 3개의 각을 가지고 있는 가장 간단한 다각형인 삼각형은 숫자 3에 해당하는 도형이라 할 수 있다.

삼각형은 기하학에 관한 많은 정보를 제공하고 더 복잡한 도형을 이해하는 데에도 도움을 준다. 컴퓨터의 발전과 함께 생활의 일부분이 되고 있는 컴퓨터 그래픽은 게임, 영화, 애니메이션과 같은 다양한 분야에서 사용되고 있다. 실감 나는 입체를 구현하는 데에는 수학적 계산이 필수인데, 그 바탕에 삼각형이 있다. 아무리 복잡한 도형이라도 여러 개의 삼각형으로 분해할 수 있다. 또한 삼각형의 변의 길이와 각도 사이의 관계를 나타내는 삼각함수를 이용하면 특정 각도에 대한 삼각형의 높이나 길이를 계산할 수 있다. 이런 계산을 물체의 위치나 크기 변화, 빛의 변화에 따른 그림자 표현 등에 이용한다.

거리 곳곳을 누비는 자전거에서도 삼각형을 찾아볼 수 있다. 바로 자전거 모양을 결정하는 뼈대인 프레임이다. 물체에 부딪히거나 브레이크와 페달을 세게 작동시킬 때도 자전거의 모양을 그대로 유지할 수 있도록 프레임을 가장 튼튼하고 안정적인 삼각형 모양으로 만든다. 자전거의 용도, 사용자에 따라 프레임의 모양이 조금씩 다르다.

자전거 용도에 따라 프레임의 삼각형 모양이 다르다.

첫 번째 자전거는 산길을 달리기에 알맞게 만든 산악자전거다. 산길에서 툭 튀어나온 바위 등을 피해 방향을 쉽게 바꿀 수 있도록 앞바퀴 축과 페달, 안장으로 이루어진 삼각형이 가늘고 긴 모양인 반면, 자전거의 안장과 페달, 뒷바퀴 중심이 이루는 삼각형은 울퉁불퉁한 곳에서도 안정적으로 달릴 수 있도록 밑변이 길고 높이가 낮다.

두 번째 자전거는 빠른 속도를 내기에 좋은 로드바이크다. 허리를 숙여 앞을 보는 자세로 타게끔 만들어졌으며 뒷바퀴 중심의 삼각형이 정삼각형에 가깝다.

세 번째와 네 번째 자전거의 공통점은 무엇일까? 앞부분 삼각형이 없다. 치마를 입은 여성, 다리를 많이 올릴 수 없는 어린이, 노인 등이 쉽게 타도록 설계된 디자인이다. 크기로 봐서 네 번째 자전거는 어린이용 자전거인데, 뒷부분 삼각형이 세 번째 자전거에 비해 더 낮고 넓은 것을 볼 수 있다. 무게중심을 낮게 만들어서 쉽게 넘어지지 않고 안전하게 탈수 있게 만들었다는 것을 알 수 있다. 이제 자전거의 프레임 모양을 보면 그 자전거가 어떤 용도일지 짐작 가지 않는가?

$$4 = 2^2$$

성냥개비 3개로 정삼각형 하나를 만들 수 있다. 그렇다면 같은 크기의 정삼각형 4개를 만들려면 성냥개비 몇 개가 필요할까?

3×4 = 12이므로 12개라는 답을 금방 떠올릴지도 모른다. 그런데 더 적은 성냥개비로도 만들 수 있다. 정삼각형 하나를 만들고 나면 성냥개비 2개를 덧붙여 정삼각형 하나를 더 만들 수 있으니까 9개(3 + 2 + 2 + 2 = 9)로도 충분히 만들 수 있다. 9개보다 더 적은 수로 만드는 방법은 없을까? 정삼각형 2개를 겹쳐 별을 만들면 성냥개비 6개로 작은 정삼각형 6개(큰 삼각형을 포함하면 8개)를 만들 수 있다. 성냥개비 개수가 줄긴 했지만, 정삼각형 개수가 4개가 아니니까 답은 아니다.

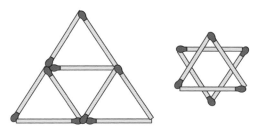

성냥개비 9개로 만든 정삼각형 4개(왼쪽), 성냥개비 6개로 만든 정삼각형 6개(오른쪽).

사실 성냥개비 6개로 정삼각형 4개를 만들 수 있다. 그런데 성냥개비를 바닥에 늘어놓는, 평면에 갇힌 생각으로는 답을 찾을 수 없다. 생각의 차원을 높여 입체를 생각해야 한다. 성냥개비 3개로 우선 바닥에 정삼각형을 만든 다음, 각 꼭짓점에 성냥개비를 1개씩 연결해 공중에서 만나게 하면 정삼각형 4개로 이루어진 정사면체가 생겨난다.

여러 개의 면을 가진 입체도형 중 각 면이 모두 합동인 정다각형으로 이루어진 입체도형을 정다면체라고 한다. 삼각형, 사각형, 오각형, 육각형, 칠각형, 팔각형 등과 같이 정다각형은 무수히 많지만 정다각형으로 만들어지는 입체도형인 정다면체는 다음 그림처럼 딱 5개뿐이다.

정다면체의 종류

| 정사면체 | 정육면체 | 정팔면체 | 정십이면체 | 정이십면체 |

면의 개수가 4개보다 작은 입체는 존재하지 않기 때문에 정다면체 중 가장 간단한 구조인 정사면체는 평면에서의 삼각형과 같이 기본이 되는 입체다. 또한 정사면체는 어느 각도에서 보든지 똑같은 모양이며, 각 꼭짓점 사이의 거리가 같아서 가장 튼튼하고 안정되어 있다. 정사면체의 이런 안정성을 이용한 물건들을 우리 주변에서 쉽게 찾아볼 수 있다. 흔들림 없이 사진 찍을 때 필요한 삼각대, 거센 파도로부터 항구를 지키기 위해 쌓아 놓은 방파제의 테트라포드, 바닥이 고르지 않은 야외에서 불을 피울 때 사용하는 캠프파이어용 삼발이 등이 모두 정사면체 구조를 가지고 있다.

방파제에서 볼 수 있는 테트라포드.

캠핑장에서 사용하는 삼발이.

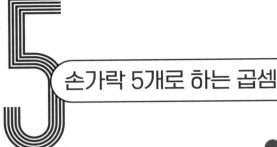

손가락 5개로 하는 곱셈

$$5 = 1 \times 5$$

세 번째 소수이자 홀수인 소수 중 두 번째

동양 문화권에서는 다섯 가지로 구성된 것을 많이 찾아볼 수 있다. 만물을 구성하는 기본 요소를 물, 공기, 불, 흙의 네 가지라고 보았던 서양과 달리 동양에서는 나무(木), 불(火), 흙(土), 쇠(金), 물(水)의 다섯 가지 기운(오행, 五行)으로 우주 만물의 변화를 설명했다. 오행의 각 기운과 연결된 청(靑), 적(赤), 황(黃), 백(白), 흑(黑)의 다섯 가지 색을 오방색이라고 부른다. 국악에서 사용하는 음계도 궁상각치우(宮商角徵羽)의 다섯 음계이다. '다섯 가지 곡식과 백 가지 과일'이라는 뜻의 오곡백과(五穀百果)는 사실 모든 곡식과 과일을 의미한다.

조선 시대 사상의 기틀이 되었던 유교에서도 숫자 5가 등장한다. 사람이 항상 갖추어야 하는 다섯 가지 도리는 인의예지신(仁義禮智信)이고, 사람들 사이의 관계에서 실천해야 하는 덕목은 부자유친(父子有親), 군신유의(君臣有義), 부부유별(夫婦有別), 장유유서(長幼有序), 붕우유신(朋友有信)의 오륜(五倫)이다.

이렇게 여러 곳에서 등장하는 5는 인류가 다섯 손가락으로 셈했던 흔적을 보여 준다. 남아프리카 일부 부족은 여전히 원(one), 투(two), 쓰리(three), 포(four), 핸드(hand), 핸드 앤드 원(hand and one)과 같이 5단위로 수를 센다고 한다. 우리나라에서도 흔히 학기 초에 반장 선거를 할 때, 이름이 적힌 투표용지를 세어 정리하면서 다섯 표가 되면 칠판에 바를 정(正)자 모양을 그린다.

주판은 5진법의 원리를 사용하는 계산 기구다. 중국과 우리나라 조선 시대에 사용했던 주판은 아래 칸에 5개의 알이 있고, 위 칸에 2개의 알이 있다. 위 칸의 알 하나는 아래 칸의 알 5개에 해당한다. 이 주판은 위 칸의 알 2개를 내리면 10이 되는데, 왼쪽에 있는 아래 칸의 알 1개를 올리는 것과 같다. 또, 5를 나타내기 위해 아래 칸의 알 5개를 올리는 것은 위 칸의 알 1개를 내리는 것과 같다. 즉, 10과 5를 나타내는 방법이 두

중국에서 쓰던 옛날 주판. ⓒDave Fischer(wikimedia). CC BY-SA 3.0.

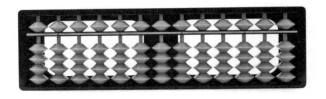

오늘날 쓰이는 주판.

가지씩 있는 거다. 위 칸과 아래 칸에서 알을 하나씩 없애도 모든 수를 나타낼 수 있다는 것을 깨닫게 된 이후, 간단하게 위 칸 1알, 아래 칸 4알로 이루어진 주판으로 바뀌어 오늘까지 사용되고 있다.

프랑스 오베르뉴 지방 농민의 곱셈법도 다섯 손가락을 활용한 5진법과 관련 있다. 오래전 이 지역의 농민들은 우리가 알고 있는 구구단에서 5단까지만 알고, 그보다 큰 곱셈은 몰랐다고 한다. 그래서 5보다 큰 곱셈을 할 때는 손가락을 이용해 곱셈을 했다. 예를 들어 7×8을 계산하면 다음과 같이 한다. 우선 7에서 5를 뺀 2만큼 오른손 손가락을 접는다. 그리고 8에서 5를 뺀 3만큼 왼손 손가락을 접는다. 이제 접지 않은 손가락은 오른손 3개, 왼손 2개이다. 그러면 10의 자릿수는 접은 손가락 수인 2와 3을 더한 5이고, 1의 자리 자릿수는 접지 않은 손가락 수인 3과 2를 곱한 6이 된다. 따라서 7×8 = 56이라는 답이 나온다. 답이 나오는 게 참 신기한 계산법이다.

이 계산법이 옳은 건지 수식을 써서 확인해 보자. 5보다 큰 두 수를 a, b라 하면 손가락으로 접어야 하는 수는 $(a-5)$, $(b-5)$이고, 펼쳐진 손가락은 $5-(a-5)=10-a$, $5-(b-5)=10-b$이다. 즉, 십의 자리는 $(a-5)+(b-5)=a+b-10$ 이고, 일의 자리는 $(10-a)\times(10-b)=100-10a-10b+ab$이다. 이를 10진법에 따라 계산해 보면 다음과 같다.

$$(a+b-10)\times10+(100-10a-10b+ab)=$$
$$10a+10b-100+100-10a-10b+ab=ab$$

따라서 프랑스 농민들은 곱셈을 바르게 한 것이다.

꿀벌이 선택한 숫자

$$6 = 2 \times 3$$

　6개의 꼭짓점과 변, 각을 가진 정육각형은 숫자 6을 잘 나타내는 평면도형이다. 우리 주변에는 육각형 모양이 많다. 추운 겨울을 아름답게 만들어 주는 눈송이는 육각형이고, 꿀벌이 만든 벌집의 단면도 육각형이다. 가구나 배관에 쓰는 볼트와 너트도 육각형이고, 육각 그물망으로 만들어진 울타리와 수세미도 쉽게 볼 수 있다. 연필심의 재료인 흑연은 육각형 모양의 판들이 쌓인 구조로 배열된 탄소다. 종이에 연필심을 대고 힘을 주면 흑연 결정을 이루고 있는 판들이 미끄러져 나와 종이에 남으면서 글씨가 써진다. 그런데 실생활과 자연에서 육각형 모양을 쉽게 찾아볼 수 있는 이유가 무엇일까?

　수학적으로 둘레의 길이가 일정할 때 가장 넓이가 큰 도형은 원이다. 왜 그런지 궁금하다면 똑같은 길이의 실로 여러 가지 다른 모양을 만든 다음, 모눈종이 위에 놓고 넓이를 재어 보면 된다. 각 모양 속에 들어 있는 정사각형의 수가 바로 넓이이니까 모양 안에 몇 개의 정사각형이 들어가는지 세기만 하면 된다. 다음 그림에는 둘레 길이가 21로 같은 여

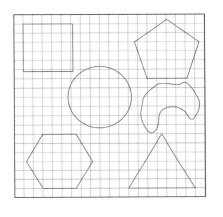

러 도형이 있다. 하지만 각각의 넓이는 모두 다르다. 정사각형은 약 27.5, 정오각형은 약 28, 정삼각형은 21, 정육각형은 31, 원은 34, 원 옆의 도형은 19이다. 그러므로 가장 넓이가 큰 도형은 원이다.

도형 자체의 넓이는 원이 가장 넓다. 그런데 여러 개의 원이 있다면 이야기는 달라진다. 원을 여러 개 이어 붙이면 사이사이에 못 쓰는 빈 공간이 생기기 때문에 효과적으로 공간을 활용할 수 없다. 그러면 빈틈없이 공간을 채울 수 있는 도형은 무엇일까? 하나의 점 주위의 공간을 정다각형으로 채운다고 해 보자. 점을 중심으로 몇 개의 정다각형을 모아 360°가 되어야 한다는 얘기다. 내각의 크기가 60°, 90°, 120°인 정삼각형, 정사각형, 정육각형만이 가능하다. 내각의 크기가 108°인 정오각형은 3개가 모였을 때는 빈틈이 생기고, 4개가 모이면 겹쳐져서 불가능하다.

$6 \times 60° = 360°$
(○)

$4 \times 90° = 360°$
(○)

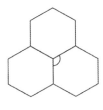

$3 \times 120° = 360°$
(○)

$3 \times 108° = 324° (\times)$
$4 \times 108° = 432° (\times)$

정육각형은 공간을 효율적으로 사용하면서도 가장 넓이가 큰 도형이다. 또한 외부의 힘이나 충격이 쉽게 분산되는 구조여서 안정적이다. 벌집은 벌들이 꿀을 먹고 만든 밀랍으로 지어지는데, 육각형으로 벌집을 지으면 원으로 만들 때 드는 밀랍의 약 52%만 있으면 된다고 한다. 귀한 밀랍을 최소한으로 사용하면서도 최대한 넓고 안정적인 공간을 만들기 위해 벌들은 본능적으로 정육각형을 선택한 것이다.

> "하나의 점 주위의 공간을 완전히 채울 수 있는 도형은 세 가지가 있다. 삼각형, 사각형, 육각형이 그것이다. 벌은 현명하게도 자신들의 구조로 꼭지각을 가장 많이 포함한 것을 선택했는데, 그것이 나머지 두 가지보다 더 많은 꿀을 담을 수 있다고 판단한 것이 분명하다."
>
> - 알렉산드리아의 파포스(300년경, 그리스 수학자).

7 행운의 숫자 럭키 세븐

$$7 = 1 \times 7$$

네 번째 소수

'럭키 세븐(Lucky seven)'이라는 말이 있다. 숫자 7이 행운을 가져온다고 해서 서양 사람들이 특별히 좋아하기 때문에 생긴 말이다. 그래서인지 세계 최대 항공우주 기업인 보잉사가 만드는 비행기의 이름이 7로 시작하고, 미국의 유명한 음료수 이름이 세븐업(7up)이다. 큰돈을 따고 싶어 하는 사람들은 더 큰 행운을 바라기 때문인지 카지노 이름에는 숫자 7이 들어간 경우가 많다.

어쩌다 7은 행운의 숫자가 되었을까? 서양 사람들이 7을 좋아하는 것은 종교와 깊은 관련이 있다. 기원전 3200년부터 3,000년 동안 이집트와 서아시아 지방에서 번성했던 고대 오리엔트 문명에서는 태양, 수성, 금성, 달, 화성, 목성, 토성, 이렇게 7개의 천체가 지구 주위를 돌며 사람의 운명에 막대한 영향을 끼친다고 믿었다.

또한 기독교에서는 하나님이 6일 동안 세상을 창조하고 7일째 되는 날 쉼으로써 창조를 완성했다고 여긴다. 이런 이유로 1주일을 7일로 정하고 일곱째 날을 휴일로 삼는 관습이 정해졌다.

숫자 7이 행운의 숫자가 된 직접적인 이유는 야구에 있다. 1800년 대에 시작된 미국 메이저 리그에서 유독 7회에 점수가 많이 나오게 되자 관중들이 '럭키 세븐'이라는 말을 쓰기 시작했다고 한다.

계산기로 1을 7로 나누는 계산을 하면 0.1428571428571이라는 답 이 나온다. 계산기로 표시할 수 있는 소수점 아래 숫자가 제한되어 있어 딱 떨어지는 것처럼 보이지만 사실은 소수점 아래에 '142857'이 계속 반 복되는 답을 얻게 된다.

$$\frac{1}{7} = 0.142857142857\cdots = 0.\dot{1}4285\dot{7}$$

이처럼 소수점 아래에 똑같은 숫자들이 반복되어 나타나는 소수를 순환소수라고 부르고, 반복되는 숫자를 순환마디라고 한다. 즉, 유리수 $\frac{1}{7}$의 순환마디는 142857이다. 반복되는 순환마디를 한 번만 적되, 순환 마디 처음과 끝의 숫자 위에 점을 찍어 순환마디가 무한히 계속된다는 것을 나타낸다.

1을 7로 나눠서 나오는 여섯 자리 숫자 142857은 재미있는 성질을 많이 가지고 있다. 우선 이 수에 1에서 6까지의 수를 곱하고 어떤 수가 나오는지 관찰해 보자.

$$142857 \times 1 = 142857 \qquad 142857 \times 2 = 285714$$

$$142857 \times 3 = 428571 \qquad 142857 \times 4 = 571428$$

$$142857 \times 5 = 714285 \qquad 142857 \times 6 = 857142$$

눈이 밝은 독자는 일정한 규칙을 발견했을 것이다. 순서는 다르지만 순환마디의 6개의 숫자가 모두 한 번씩 나오고 있다는 것을 말이다.

이번엔 계산기를 이용해 142857을 제곱해 보자.

$$142857^2 = 20408122449$$

이 답을 다섯 자리 숫자 20408과 여섯 자리 숫자 122449로 나누고, 이 두 수를 더해 보자. 혹시 142857을 예상했는가? 맞다! 다시 142857이 나온다.

$$142857 = 20408 + 122449$$

중국인이 최고로 애정하는 숫자

$$8 = 2^3$$

서양에서 숫자 7을 행운의 숫자로 좋아하는 것만큼 중국인들은 숫자 8을 좋아한다. 중국어로 숫자 8과 '돈을 많이 번다(发)'는 말의 발음이 비슷하기 때문이다. 숫자 8이 들어가는 번호를 전화번호나 자동차 번호판에 쓰기 위해 큰돈을 들이고, 결혼식이나 중요한 일을 치르는 날 등 길일을 정할 때는 8이 들어가는 날짜로 고르려고 애쓴다. 2008년 베이징올림픽 개막식을 8월 8일 저녁 8시로 정할 정도로 말이다.

우리가 흔히 쓰는 말에서도 숫자 8이 자주 등장한다. 한자를 쓰는 문화권에서는 '걱정도 팔자다', '무자식이 상팔자'와 같은 속담에서 볼 수 있듯이 사람이 타고난 운명을 가리켜 흔히 팔자(八字)라고 한다. 원래 팔자는 사람이 태어난 연, 월, 일, 시를 간지(干支)로 나타내고 길흉화복을 점쳤던 데에서 나온 말이다.

또한 팔방(八方)은 동, 서, 남, 북의 사방(四方)에 동북, 동남, 서북, 서남의 사우(四隅)를 합친 여덟 방위를 말하는데, 그 뜻이 넓어져 여러 방향 또는 여러 방면을 뜻하기도 한다. 여러 방면에 능통한 사람을 '팔방미인

(八方美人)'이라 부르고, 도로나 교통망, 통신망 등이 이리저리 통하는 것을 '사통팔달(四通八達)'이라고 한다.

숫자 8이 답으로 나오는 재미있는 계산을 해 보자. 10진법에 쓰이는 10개의 숫자 중에 0을 제외한 나머지 아홉 숫자를 큰 순서로 나열하면 987654321이다. 또 작은 순서로 나열하면 123456789이다. 이 두 수의 비는 얼마일까? 즉, 987654321을 123456789로 나눈 몫은 얼마나 될까?

계산기로 계산하면 위 질문의 답을 간단히 찾을 수 있지만, 다음 계산식을 손으로 써 보면 답만 아니라 숫자 패턴의 아름다움도 느낄 수 있다. 우선 1, 12, 123에 8을 곱한 다음 각각 1, 2, 3을 더해 보자. 이 계산을 식으로 쓰면 다음과 같다.

$$1 \times 8 + 1 = 9$$
$$12 \times 8 + 2 = 98$$
$$123 \times 8 + 3 = 987$$

계속해서 이런 계산을 하면 다음과 같이 왼쪽에 123456789, 오른쪽에 987654321이 나오게 된다.

$$1234 \times 8 + 4 = 9876$$

$$12345 \times 8 + 5 = 98765$$

$$123456 \times 8 + 6 = 987654$$

$$1234567 \times 8 + 7 = 9876543$$

$$12345678 \times 8 + 8 = 98765432$$

$$123456789 \times 8 + 9 = 987654321$$

맨 마지막 식의 양변을 123456789로 나누면 다음 식을 얻는다.

$$8 + \frac{9}{123456789} = \frac{987654321}{123456789}$$

즉, 987654321를 123456789로 나눈 몫은 놀라울 정도로 8에 가까운 값이라는 걸 알 수 있다. 또한 식을 조금 더 변형하면 다음과 같이 답이 8로 딱 떨어지게 할 수도 있다.

$$123456789 \times 8 + (8 + 1) = 987654321$$

$$(123456789 + 1) \times 8 = 987654321 - 1$$

$$\frac{987654321 - 1}{123456789 + 1} = 8$$

컴퓨터 프로그래머들이 하는 썰렁한 농담 하나를 소개하며 숫자 8에 대한 이야기를 마무리하자. 혹시 "할로윈과 크리스마스는 같은 날"이라는 이야기를 들어 봤는가? 할로윈은 10월 31일이고, 크리스마스는 12월 25일인데 어떻게 같은 날이라는 걸까? 두 날짜를 영어로 표시하면 할로윈은 Oct. 31이고, 크리스마스는 Dec. 25이다. Oct는 10월(October)이라는 단어를 줄인 형태이기도 하지만 숫자 8을 뜻하기도 한다. 또한 Dec는 12월(December)이라는 단어의 축약된 형태이면서 숫자 10을 뜻한다. 그래서 Oct. 31은 8진법으로 나타낸 수 31이고, Dec. 25는 10진법으로 나타낸 수 25이어서 같다.

$$31_{(8)} = 3 \times 8 + 1 = 25$$

고양이 목숨은 몇 개?

$$9 = 3^2$$

10진법에서 일의 자리에 오는 수 가운데 가장 큰 수는 9다. 9보다 하나 더 큰 수를 나타낼 때는 십의 자리에 1, 일의 자리에 0을 쓴다. 이렇게 만들어진 10이라는 수는 최초의 두 자릿수가 되면서 새로운 차원으로 들어간다. 그래서 9는 가장 많은 것, 가장 높은 것을 뜻할 때가 많다.

키가 무척 큰 사람을 가리켜 '구척장신(九尺長身)'이라고 한다. 또한 '앞길이 구만리(九萬里) 같다'는 말은 앞으로 어떤 큰일이라도 해낼 수 있는 세월이 충분한 젊은 나이를 이야기한다. 바둑이나 태권도, 유도 등의 무술에서 최고 단계에 이른 사람에게는 '9단'이라는 칭호가 주어진다. 부처님께 소원을 빌기 위해 만든 탑도 최고의 간절함을 담아 만들다 보니 9층탑이 되었다. 불교 문화재 중에는 황룡사 9층 목탑, 미륵사지 9층 석탑, 월정사 9층 석탑 등 9층 탑이 여럿 있다.

재미있는 영어 표현 중에 "A cat has nine lives(고양이는 목숨이 아홉 개 있다)"라는 속담이 있다. 높은 곳에서 떨어져도 사뿐히 땅에 내려앉고 위험한 상황에서도 살아남는 고양이를 본 사람들이 만들어 낸 속담이 아닌가 싶다. 고대 이집트 신화에서는 고양이를 죽음과 부활을 상징하는 신성한 동물로 여겼고, 중세 유럽에서는 고양이가 마녀와 관련되어 있다고 생각했다. 이런 이유로 고양이가 가장 신성하면서도 많은 수, 즉 9개의 목숨을 가졌다고 믿게 되었다고 보인다. 우리나라에서는 이 속담에 착안해 아홉 구(九)와 오랠 구(久)의 음을 따 9월 9일을 고양이의 날로 정했다고 한다.

수학에서 9는 재미있는 성질을 많이 가지고 있는 수다. 계산기로 1, 2, 3, 4, 5, 6, 7, 8을 9로 나누는 계산을 하면 다음과 같은 결과를 얻을 것이다.

$$1 \div 9 = 0.1111111111111\cdots$$
$$2 \div 9 = 0.2222222222222\cdots$$
$$3 \div 9 = 0.3333333333333\cdots$$
$$4 \div 9 = 0.4444444444444\cdots$$
$$5 \div 9 = 0.5555555555555\cdots$$
$$6 \div 9 = 0.6666666666666\cdots$$
$$7 \div 9 = 0.7777777777777\cdots$$
$$8 \div 9 = 0.8888888888888\cdots$$

그럼 9를 9로 나누면 얼마일까? 9를 자기 자신과 같은 수로 나눴으니까 당연히 1이다. 그런데 9÷9는 1÷9의 9배에 해당하니까 다음과 같이 쓸 수 있다.

43

$$9 \div 9 = 0.9999999999999\cdots = 1$$

9를 9로 나눈 수는 같은 숫자가 무한히 반복되는 소수 중 가장 큰 수이면서 자연수가 되는 것을 볼 수 있다.

어떤 수가 9의 배수인지 알아보는 방법은 무엇일까? 실제 9로 나누어서 나머지가 0이 되는 걸 확인할 수도 있겠지만, 더 쉽게 알아보는 방법이 있다. 바로 '자릿수 합(digit sum)'을 구하는 거다.

어떤 수의 자릿수 합을 구하려면 각 자리의 수를 더해서 얻은 값이 1에서 9까지의 수 중 어느 하나가 될 때까지 계속 더하기만 하면 된다. 예를 들어 12의 자릿수 합을 구해 보자. 12의 십의 자리의 수 1과 일의 자리의 수 2를 더하면 $1 + 2 = 3$이다. 바로 3이 12의 자릿수 합이다. 56의 자릿수 합은 얼마일까? $5 + 6 = 11$에서 11은 한 자릿수가 아니니까 다시 한번 각 자리의 수를 더한다. $1 + 1 = 2$. 바로 56의 자릿수 합은 2이다.

어떤 수에 9를 곱했을 때, 그 답의 자릿수 합은 항상 9가 된다. 예를 들어 351은 그 자릿수 합이 9이므로 9의 배수다. 이렇게 자릿수 합으로 9의 배수를 쉽게 알 수 있는 까닭은 우리가 10진법을 쓰기 때문이다.

351을 10진법 전개식을 이용해서 쓰면 다음과 같다.

$$351 = 3 \times 100 + 5 \times 10 + 1$$

그런데 100은 99 + 1, 10은 9 + 1로 나타낼 수 있으니까 다음과 같이 쓸 수 있다.

$$351 = 3 \times (99 + 1) + 5 \times (9 + 1) + 1$$
$$= 3 \times 99 + 5 \times 9 + (3 + 5 + 1)$$

99와 9가 9의 배수라는 것은 알고 있으므로 3×99와 5×9 역시 9의 배수이고, 9의 배수끼리 더했으니 $3 \times 99 + 5 \times 9$ 역시 9의 배수이다. 이제 남은 건 주어진 수의 자릿수 합인 3 + 5 + 1이 9의 배수인지만 알아보면 된다.

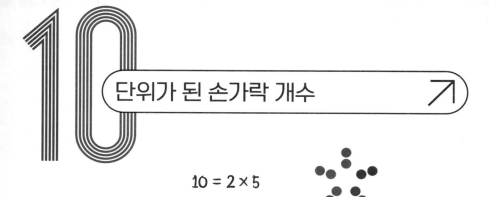

$$10 = 2 \times 5$$

숫자 10은 사람의 손가락 개수와 같아서 특별한 수다. 철학자 아리스토텔레스는 인간이 10개의 손가락과 10개의 발가락을 갖고 태어났기 때문에 10진법을 널리 사용한다고 했다.

숫자 10은 우리 속담에 자주 등장한다. '열 손가락 깨물어 안 아픈 손가락 없다'라는 속담은 실제 사람 손가락이 10개이기 때문에 수 자체를 나타낸 것으로도 볼 수 있다. 하지만 열 손가락을 깨물었을 때 아프지 않은 손가락이 없는 것처럼 자식이 여럿이어도 부모에게는 모두 다 소중하다는 의미라는 걸 생각하면 '많다'는 뜻으로 쓰였다는 걸 알 수 있다. '열 번 찍어 안 넘어가는 나무 없다'는 속담에서도 똑같이 '여러 번, 많이'라는 의미를 가진다.

'열흘 붉은 꽃은 없다', '10년이면 강산도 변한다'라는 표현에 나오는 숫자 10은 '오랫동안'이라는 뜻을 담고 있다. '하나를 보면 열을 안다'는 '부분을 보면 전체를 추측할 수 있다'는 뜻인데, 여기서 숫자 10은 '온전한 전체'를 나타낸다.

라파엘로의 그림 〈아테네 학당〉 속 피타고라스의 모습.

조약돌 10개는 볼링 핀처럼 정삼각형 모양으로 배열할 수 있으므로 10(= 1+2+3+4)은 삼각수이다. 수와 도형을 연결시켜 의미를 부여했던 피타고라스학파 사람들은 숫자 10이 완성과 새로운 시작을 상징하는 '완전수'라고 여겼다. 고대 그리스의 여러 철학자들이 등장하는 라파엘로의 그림 〈아테네 학당(Scuola di Atene)〉에는 삼각형 모양으로 배열된 삼각수 10이 그려져 있는 칠판이 있다. 물론 이 칠판을 앞에 둔 사람이 바로 피타고라스이다.

우리 생활 속에서 길이를 잴 때 쓰는 단위는 1cm(센티미터), 1m(미터), 1km(킬로미터) 등이다. 세계 여러 나라에서 공통으로 사용하는 이 단위 체계를 '미터법'이라고 하는데, 미터법의 기본 단위들은 10의 거듭제곱으로 나타낼 수 있다. 예를 들어 1km는 1,000(= 10^3)m이고 1mm는

$0.001(=10^{-3})$m이다. 이런 식으로 미터법은 10진법에 기초해서 만들어졌다.

미터법이 만들어지고 전 세계적으로 통용되는 데에 큰 역할을 한 나라가 바로 프랑스다. 1600년대 초의 유럽에서는 길이, 무게, 부피를 재는 데에 다양한 측정 단위가 사용되고 있었다. 나라와 지역마다 각기 다른 단위를 쓰던 사람들은 서로 무역이 활발해지면서 측정 단위를 통일할 필요를 느꼈다. 이에 따라 당시 유럽의 과학 중심지였던 파리 과학 아카데미를 중심으로 새로운 도량형 체제를 만드는 일이 시작되었다.

프랑스 혁명의 혼란 속에서도 프랑스의 과학자들은 단위 길이 1m를 '북극에서 적도까지 자오선의 1천만분의 1'로 정하고, 파리를 지나는 자오선의 $\frac{1}{4}$ 을 7년간의 원정을 통해 직접 측정했다. 이렇게 1m의 길이가 확정되고 백금으로 미터 원기를 만들어 1799년 12월에 미터법이 만들어졌다.

하지만 미터법이 세상에서 쓰이는 데에는 좀 더 오랜 시간이 걸렸다. 프랑스 혁명 후 권력을 잡은 나폴레옹은 1801년에 프랑스 전역에서 미터법을 쓰도록 강제했지만, 대중의 반발에 부딪혀 1812년에 폐지했다. 이후 다른 나라에서도 미터를 사용하게 되자 1840년, 프랑스에서는 다시 미터법을 강제 시행했다. 마침내 1875년 프랑스 파리에서 17개국이 미터협약을 맺으면서 미터법은 세계 여러 나라가 공통으로 쓰는 단위 체계가 되었다.

11의 배수를 찾는 방법

11 : 다섯 번째 소수이자 최초의 두 자리 소수

간단한 수학 마술로 이야기를 시작해 보자. 계산에 자신 있는 사람은 연필과 종이를 준비하자. 귀찮다면 계산기를 준비해도 좋다. 우선 세 자릿수 하나를 생각하자. 그 수에 13, 11, 7을 차례대로 곱하자. 어떤 값이 나오는가? 처음 생각한 수가 연이어 나타난 걸 볼 수 있을 거다. 만일 123을 생각했다면 123123이 나왔을 거다. 사실 이건 수학 마술이라고 하기엔 너무 당연한 결과다. 13, 11, 7을 모두 곱하면 1001이 나오기 때문이다($13 \times 11 \times 7 = 1001$). 1001은 1000에 1을 더한 수이기 때문에 세 자릿수 abc에 1001을 곱하면 $abcabc$가 나온다.

$$abc \times 1001 = abc \times (1000 + 1)$$
$$= abc \times 1000 + abc = abc\,000 + abc = abcabc$$

앞에 소개한 마술에서 우리는 1001이 11의 배수라는 걸 알 수 있다. 이 사실을 이용하면 어떤 수가 11의 배수인지 아닌지 쉽게 알아낼 수 있

49

다. 어떤 수의 홀수 자릿수(일의 자리, 백의 자리, 만의 자리, …)를 더한 값과 짝수 자릿수(십의 자리, 천의 자리, 십만의 자리, …)를 더한 값의 차가 0이거나 11의 배수가 되면, 그 수는 11의 배수이다. 2728을 예로 들어 보자. 홀수 자릿수의 합은 7+8 = 15이고 짝수 자릿수의 합은 2+2 = 4인데, 이 둘의 차는 15-4 = 11이므로 2728은 11의 배수이다. 실제 2728을 11로 나누면 몫이 248, 나머지가 0이므로 11의 배수가 맞다.

조금 더 일반적인 경우를 살펴보자. 네 자릿수 $abcd$가 11의 배수인지 알아보기 위해 10진 전개식으로 다음과 같이 나타낼 수 있다.

$$abcd = a \times 1000 + b \times 100 + c \times 10 + d \cdots ①$$

1,000, 100, 10을 가까운 11의 배수를 포함하도록 식으로 나타내면 다음과 같다.

$$1000 = 1001 - 1, \quad 100 = 99 + 1, \quad 10 = 11 - 1 \cdots ②$$

②를 이용해서 ①을 다시 쓴 후 11의 배수인 부분을 표시하면 다음과 같다.

$$abcd = a \times (1001 - 1) + b \times (99 + 1) + c \times (11 - 1) + d$$

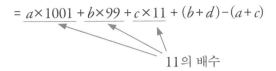

$$= a \times 1001 + b \times 99 + c \times 11 + (b+d) - (a+c)$$

11의 배수

11의 배수로 표현되지 않은 나머지 부분은 홀수 자릿수의 합과 짝수 자릿수의 합 사이의 차$(b+d-a-c)$이다. 이 값이 0이거나 11의 배수이면 $abcd$가 11의 배수가 된다.

11은 앞으로 읽어도 거꾸로 읽어도 똑같은 수다. 이렇게 앞뒤의 모양이 같은 수를 대칭수 또는 회문수(回文數, palindrome)라고 한다. 한 자릿수 1, 2, 3, …, 9는 당연히 대칭수다. 두 자리 대칭수는 22, 33, …, 99와 같은 11의 배수들이다.

재미있게도 11을 여러 번 곱해도 대칭수가 된다. 11을 제곱하면 121, 11을 세제곱하면 1331, 11을 네제곱하면 14641로 연달아 대칭수가 나온다. 11^0, 11^1, 11^2, 11^3, 11^4를 피라미드 모양으로 배열하면 다음 그림과 같이 '파스칼의 삼각형(숫자 39번 글 참조)'이 나온다.

$$11^0 = 1$$
$$11^1 = 11$$
$$11^2 = 121$$
$$11^3 = 1331$$
$$11^4 = 14641$$

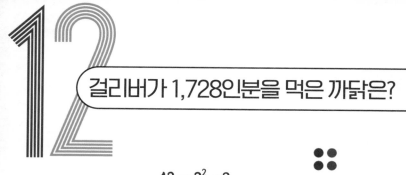

걸리버가 1,728인분을 먹은 까닭은?

$$12 = 2^2 \times 3$$

연필 한 자루의 값이 300원이라면 연필 한 타는 얼마일까?

단순한 곱셈 문제이지만 한 타가 몇 개인지를 알아야 풀 수 있다. 타는 12개로 된 한 묶음을 가리키는 단위이다. 영어 단어 '더즌(dozen)'의 줄임말 doz를 일본에서 '다스'로 읽었는데, 우리도 그대로 가져와 쓰다가 일본식 표현을 없애고 '타'라 읽게 되었다. 어쨌든 연필 12자루의 값을 물었으니 정답은 3,600원이다.

고대 로마에서는 숫자를 12단위로 세는 12진법을 사용했다. 길이 단위 1피트(약 30.48cm)의 $\frac{1}{12}$을 1인치(약 2.54cm, 어른 검지손가락의 한 마디 정도 길이)라고 불렀다. 이런 로마인의 단위는 유럽의 여러 나라에 그대로 전해졌다. 귀금속의 무게 단위에 쓰이는 트로이 무게는 15세기 잉글랜드에서 유래한 질량 단위인데, 1트로이 파운드(약 373g)의 $\frac{1}{12}$이 1트로이 온스(약 31g)이다.

영국이나 미국, 유럽 문화권에서는 골프공, 도넛, 계란 등 여러 가지 물건을 셀 때도 12개를 단위로 하는 '더즌'을 쓴다. 더즌이 12개 있으면 새로운 단위인 '그로스(gross)'가 된다. 또한 6개 단위로 셀 때에는 12개의 절반이라는 뜻으로 '하프더즌(half dozen)'이라고 쓴다.

수를 나타내는 말에도 12진법의 흔적이 남아 있다. 영어에는 1부터 12까지 각각의 수를 나타내는 이름이 있다. 하지만 13부터는 일정한 규칙을 따르는 것을 볼 수 있다. 13, 14는 thirteen, fourteen이라 하고 19까지 모두 -teen으로 끝난다.

영국 소설가 조너선 스위프트가 쓴 《걸리버 여행기》는 주인공 걸리버가 소인국 릴리펏과 거인국 브롭딩낵, 하늘섬 라퓨타, 말의 나라 후이늠을 여행하는 이야기이다. 이 책에는 걸리버가 처음 방문한 소인국에서 한 끼 식사로 릴리펏 사람 1,728명이 먹을 음식을 대접받았다는 이야기가 나온다. 소인국 릴리펏 사람보다 몸집이 큰 걸리버가 많이 먹을 것은 당연한데, 왜 1000이나 10000 같은 숫자가 아니라 1728이라는 복잡한 숫자가 나오는 걸까?

소설 속에 나오는 부피, 넓이는 주먹구구로 대충 나온 수치가 아니라 정확한 계산을 통해 나온 것이다. 당시 영국에서는 12진법 단위를 일상적으로 쓰고 있어서, 작가는 걸리버의 키가 소인국 사람의 12배라고 정한 다음 계산한 것이다. 넓이는 제곱으로 늘어나고 부피는 세제곱으로 늘어나는 수학적 사실을 이용해 계산해 보자.

몸집은 3차원 부피이므로 12의 세제곱인 1,728배가 된다. 즉, 걸리버의 한 끼 식사에는 소인국 1,728명분의 음식이 필요하다. 또한 소인국

"He commanded to draw up the troops in close order and march them under me."

《걸리버 여행기》1894년판 도서 속 삽화. 소인국 사람들과 걸리버의 키와 몸집 부피를 정확한 계산으로 나타낸 것이 인상 깊다.

여행기에는 걸리버의 옷을 짓는 데에 300명의 재단사가 동원되었다는 대목도 있다. 옷을 짓는 데에는 몸의 겉면 넓이가 필요하다. 걸리버 몸의 겉넓이는 릴리펏 사람의 12배가 아니라 12의 제곱인 144배이다. 따라서 걸리버의 옷을 만드는 데는 144배의 옷감과 재료가 필요하다. 하루에 릴리펏 사람의 옷을 만드는 데 2명이 필요하다면, 걸리버의 옷 한 벌을 만드는 데에는 144의 약 2배인 300명이 필요한 게 맞다.

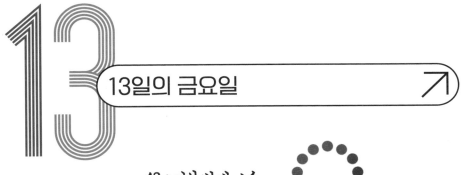

13 : 여섯 번째 소수

한자 문화권에서는 숫자 4가 불운, 불행을 뜻한다고 생각한다. 4의 발음이 죽음을 의미하는 한자 '죽을 사(死)'와 같다는 이유로 말이다. 이와 비슷하게 기독교 문화권에서는 숫자 13을 불길하게 여긴다. 예수와 그의 열두 제자가 함께한 저녁 식사 자리에서 가룟 유다가 배신을 해 결국 예수가 십자가형을 받아 죽음에 이르렀기 때문에 숫자 13에 배신, 배반, 불행의 의미가 있다고 생각한다. 이런 이유로 기독교 문화권에서는 손님을 13명 초대하는 경우가 거의 없으며, 호텔 층수나 객실에도 13이라는 숫자를 쓰지 않는 경우가 많다.

미신에 불과한 숫자 13에 대한 공포증을 극복하려는 노력이 1970년에 있었다. 1969년 아폴로 11호, 12호를 달에 보내는 데에 성공한 미 항공우주국(NASA)은 정밀한 착륙과 지질학적 샘플 수집을 위해 또 다른 달 착륙선을 보낼 계획을 세웠다. 불길한 숫자 13을 건너뛰고 아폴로 14호로 이름 지으려 했지만, 숫자 13을 두려워하는 미신을 깨뜨리고자 그대로 '아폴로 13호'로 명명하고 미국 중부 시간 기준으로 1970년 4월 11일

13시 13분에 발사했다. 하지만 고장으로 달 착륙에는 실패하고 달을 한 바퀴 돌아 지구에 돌아오고 말았다. 한동안 '13의 저주'가 사람들 입에 다시금 오르내렸다.

예수가 십자가형을 당한 날이 금요일이었기 때문에 '13'과 '금요일'이 함께 오는 '13일의 금요일'은 더욱 불운한 날로 여겨진다. 〈13일의 금요일〉이라는 제목을 가진 공포 영화가 여러 편 제작된 것은 숫자 13과 금요일이 사람들의 막연한 불안감을 자극했기 때문이었을 것이다.

그런데 달력을 찾아보면 생각보다 13일의 금요일이 자주 돌아오는 것을 알 수 있다. 매년 적어도 한 번은 13일의 금요일이 있다. 13일이 금요일이라면, 그 달의 1일은 무슨 요일일까?

7로 나눈 나머지를 구하는 간단한 계산으로 답을 구할 수 있다. 1주일은 7일로 일, 월, 화, 수, 목, 금, 토요일이 반복되기 때문에 어떤 달의 13일이 금요일이라면 7일 앞인 6일도 금요일이다. 뿐만 아니라 그 달의 날 중 7로 나눴을 때 나머지가 6이 되는 날은 모두 금요일이다. 6일이 금요일이니까 거꾸로 세어 보면 그 달의 1일은 일요일임을 알 수 있다.

1월부터 12월까지 매달의 1일이 무슨 요일인지 계산해 보자. 1월 1일로부터 지난 날 수를 7로 나눈 나머지만 따져 주면 된다. 31은 7로 나눈 나머지가 3이기 때문 31일까지 있는 달의 다음 달 첫날은 이전 달 첫날의 요일보다 3개 다음 요일이다. 만일 1월 1일이 일요일이라면 2월 1일은 수요일이다. 30을 7로 나눴을 때 나머지가 2이므로 30일까지 있는 달의 다음 달 첫날은 이전 달 첫날의 요일보다 2개 다음 요일이고, 마찬가지로 29일까지 있는 달의 다음 달 첫날은 이전 달 첫날 요일보다 1개 다음 요일, 28일까지 있는 달의 다음 달 첫날은 이전 달 첫날의 요일과 같다. 이런 식으로 1월 첫날의 요일을 X라고 하고 1월부터 12월까지 첫날의 요일을 계산해 보면 다음과 같다. 2월은 평년에 28일, 윤년에 29일이므로 표를 따로 작성했다.

월	평년	윤년
1월 1일	X	X
2월 1일	X+3	X+3
3월 1일	X+3	X+4
4월 1일	X+6	X
5월 1일	X+1	X+2
6월 1일	X+4	X+5
7월 1일	X+6	X
8월 1일	X+2	X+3
9월 1일	X+5	X+6
10월 1일	X	X+1
11월 1일	X+3	X+4
12월 1일	X+5	X+6

위의 표를 잘 보면 X, X+1, X+2, X+3, X+4, X+5, X+6이 모두 한 번 이상 나오고, 가장 많이 나오는 것은 세 번까지도 있다는 것을 알 수 있다. 이것은 1일이 적어도 한 번씩은 일요일부터 토요일까지 모든 요일이 된다는 거다. 1일이 일요일인 달의 13일은 금요일이 되므로 적어도 매년 한 번 이상, 최대 세 번까지 13일의 금요일을 맞게 된다는 거다. 1월 1일이 목요일인 해에는 2월, 3월, 11월에 13일의 금요일을 맞게 된다.

실제로 13일은 금요일일 확률이 가장 높다. 오늘날 가장 널리 쓰이는 달력인 그레고리력에서는 400년을 기준으로 날짜가 반복되는데 400년 동안 매달 13일의 요일을 계산해 봤더니 금요일이 가장 많았다. 13일이 목요일이나 토요일인 경우가 684번, 월요일이나 화요일인 경우가 685번, 수요일이나 토요일인 경우가 687번이다. 그리고 금요일인 경우는 가장 많은 688번이다!

음악의 아버지, 바흐가 사랑한 숫자

$$14 = 2 \times 7$$

'음악의 아버지'라고 불리는 요한 세바스티안 바흐에게는 특별히 좋아하고 집착하는 숫자가 있었는데, 바로 그의 성 'BACH'의 알파벳 순서 2, 1, 3, 8을 합해서 나오는 14였다. 바흐의 작품 중 상당수는 84마디로 되어 있는데, 84라는 수는 14에 천지창조의 기간인 6을 곱한 수이다. 그래서인지 바흐는 때로 작품의 마지막에 친필 사인으로 84를 쓰곤 했다.

14에 대한 그의 집착이 어느 정도였는지 알려 주는 일화가 있다. 바흐의 제자 로렌츠 크리스토프 미즐러는 뛰어난 음악가들을 회원으로 하는 음악협회를 창설했다. 협회 회원 수는 총 20명으로 극히 제한되어 있었고, 회원들은 이론과 실기 양쪽에서 활동해야 했으며, 동시에 철학과 수학에도 능통해야 했다. 음악 분야에서 자신이 쌓은 학식을 증명해 보이기 위해서 이론이나 실기에 관한 작품을 발표해야 했다. 미즐러는 협회에 스승을 영입하기 위해 무척 공들였지만 바흐는 가입을 망설였다. 1745년 '음악의 어머니'라고 불리는 헨델이 가입해서 11번째 회원이 되고서야 바흐는 가입하기로 마음먹었지만 2년을 더 기다려 14번째 회원

바흐의 초상화. 손에는 〈14개의 카논〉 악보가 들려 있다.

으로 가입했다. 음악협회 가입을 위해 그린 바흐의 초상화 속 그의 손에
는 당시 작곡 중이던 〈14개의 카논〉 악보가 들려 있다.

　그런데 바흐는 왜 음악의 아버지로 불릴까?

　바흐가 활약했던 바로크 시대 이전에는 지금과 같은 음계를 사용하
지 않았다. 각 음 사이의 진동수의 비가 유리수로 표현되는 피타고라스
음계를 조정해서 조금 더 간단한 유리수로 나타낸 순정율이 사용되고 있
었다. 예를 들어 도(C)의 주파수를 1로 했을 때, 피타고라스 음계와 순정
율의 진동수의 비는 다음 표와 같다.

	C	D	E	F	G	A	B	C
피타고라스	1	$\frac{9}{8}$	$\frac{81}{64}$	$\frac{4}{3}$	$\frac{3}{2}$	$\frac{27}{16}$	$\frac{243}{128}$	2
순정율	1	$\frac{9}{8}$	$\frac{5}{4}$	$\frac{4}{3}$	$\frac{3}{2}$	$\frac{5}{3}$	$\frac{15}{8}$	2

순정율에서 C장조 노래 '도도솔솔 라라솔'을 한 음 올려 D장조로 조옮김하면 '레레라라 시시라'가 된다. 이때 원곡의 '도와 솔(C와 G)'의 진동수 비는 1: $\frac{3}{2}$ = 2:3이지만 조옮김한 곡의 '레와 라(D와 A)'의 비는 $\frac{9}{8}$: $\frac{5}{3}$ = 27:40으로 달라진다. 이런 차이가 누적되면 불협화음으로 느껴질 정도로 커지기 때문에 새로운 음계가 필요했다. 옥타브를 12개의 반음으로 균등하게 나눈 평균율이 문제를 해결할 답이었다. 평균율에서는 각 음 사이의 진동수 비가 일정해서 조옮김이 자유로워졌다. 바흐는 이 새로운 조율 기법을 이용해서 건반악기 연습곡을 작곡하고 책으로 펴냈다. '피아노 음악의 구약성경'이라고 하는《평균율 클라비어곡집》이 바로 그 책이다. 300년이 지난 지금도 피아노 전공생이라면 반드시 연습해야 하는 책이다.

바흐의 노력으로 조성 체계가 명확하게 확립되자 서로 다른 악기의 특성을 묶어 다양한 앙상블을 만드는 것이 가능해졌고, 여러 성부가 어우러지는 다성음악도 발전하게 되었다. 우리가 노래방에서 내 음역대에 맞춰 음을 올리거나 내려 부를 수 있는 것은 일정 부분 바흐 덕분이기도 하다. 이런 까닭에 바흐를 '음악의 아버지'라고 부른다.

B A C H

"음악은 하나님께는 영광이 되고 인간에게는 기쁜 마음을 갖게 한다. 하나

님께 영광을 돌리고 마음을 신선하게 하는 힘을 부여하는 것은 모든 음악

의 목적이다." – 바흐

거북 등에 나타난 마법 숫자

$$15 = 3 \times 5$$

가로 3칸, 세로 3칸의 정사각형에 1부터 9까지 숫자를 넣어 가로, 세로, 대각선의 합이 같게 만들어 보자.

우선 1부터 9까지 9개의 수를 모두 더하면 얼마일까? 9개의 수를 모두 더한 값은 45인데, 각 줄의 합이 같게 3줄로 나눠야 하니까 1줄에 있는 수의 합은 15(= 45 ÷ 3)가 되어야 한다. 정가운데에 5를 넣고 합이 10이 되는 두 수의 쌍 (1, 9), (2, 8), (3, 7), (4, 6)을 가로, 세로, 대각선의 합이 모두 15가 되게 넣으면 다음과 같은 모양이 된다.

2	7	6	→ 15
9	5	1	→ 15
4	3	8	→ 15

15 ↓ ↓ ↓ 15
15 15 15

이렇게 1부터 연속한 자연수를 정사각형 모양으로 배치해 가로, 세로, 대각선의 합이 같게 만드는 모양을 마방진(magic square)이라 하고, 마방진에서 가로, 세로, 대각선의 합에 해당하는 값을 마법 합(magic sum)이라고 부른다. 위에서 찾은 마방진은 3차 마방진으로, 전해지는 이야기에 따르면 약 4,000년 전 중국 하나라의 우 임금이 발견했다. 매년 일어나는 황하강의 홍수를 막기 위해 지류인 낙수(洛水)에서 공사를 하던 중 강에서 거북이 한 마리가 나타났는데, 거북의 등에 있는 점들이 가로, 세로, 대각선의 합이 15가 되도록 배치되어 있었다고 한다. 낙수에서 발견했다고 해서 이를 낙서(洛書)라고 부른다.

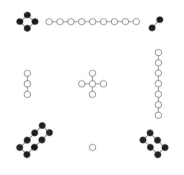

최초의 마방진으로 여겨지는 낙서.

3차 마방진은 재미있는 성질을 가지고 있다. 맨 윗줄의 세 수를 제곱한 합과 맨 아랫줄의 세 수를 제곱한 합이 같다.

$$2^2 + 7^2 + 6^2 = 4^2 + 3^2 + 8^2$$

세로줄에 있는 수도 마찬가지이다.

$$2^2 + 9^2 + 4^2 = 6^2 + 1^2 + 8^2$$

이번에는 각 줄에 놓인 숫자들을 하나의 수라고 생각해 보자. 맨 윗줄은 276이고, 맨 왼쪽 줄은 294이다. 가로줄에 있는 세 수에서는 이런 등식이 성립한다. (276, 951, 438의 자릿수를 거꾸로 하면 672, 159, 834이다.)

$$276^2 + 951^2 + 438^2 = 672^2 + 159^2 + 834^2$$

세로줄에 있는 수도 마찬가지이다.

$$294^2 + 753^2 + 618^2 = 492^2 + 357^2 + 816^2$$

위의 두 등식에서 모든 세 자릿수들의 가운데 자리를 과감하게 지워 보자. 그래도 등식은 그대로 성립한다.

$$26^2 + 91^2 + 48^2 = 62^2 + 19^2 + 84^2$$
$$24^2 + 73^2 + 68^2 = 42^2 + 37^2 + 86^2$$

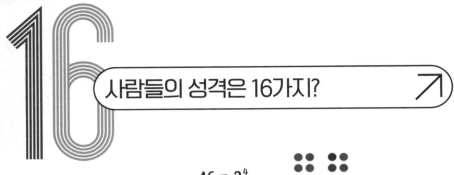

사람들의 성격은 16가지!?

$$16 = 2^4$$

2를 네 번 곱한 수 16은 여러 문화권에서 가벼운 물체의 무게를 재는 데 사용되었다. 영국에서 사용하는 야드 파운드법에서 무게를 재는 데 쓰는 단위인 파운드, 온스, 드럼 사이에는 다음과 같은 관계가 있다.

1파운드(약 453g) = 16온스
1온스(약 28.3g) = 16드럼

우리나라와 중국에서 금이나 은, 한약재의 무게를 잴 때 근, 냥, 돈을 사용하는데, 1근(600g)은 16냥이고, 16냥은 160돈이다.

수학에서 16은 아주 재미있는 수이다. 제곱수에서 밑과 지수를 바꾸어도 결과가 같은 유일한 수이기 때문이다. 오직 16만 이런 특징을 갖고 있다는 것을 스위스 수학자 레온하르트 오일러가 증명해 냈다.

$$4^2 = 2^4 = 16$$

손가락이 10개인 사람들이 10진법을 쓰는 것처럼 컴퓨터는 16진법을 쓴다. 숫자 2에 대한 이야기에서 컴퓨터는 2진법을 쓴다고 이야기해 놓고 왜 말을 바꾸는가 싶겠지만 그럴 만한 이유가 있다. 컴퓨터는 분명히 2진법을 쓰는데, 여러 가지 기호를 2진법으로 나타내면 그 길이가 너무 길어져서 사람들이 쉽게 이해할 수가 없다. 그래서 4자리를 묶어 표시하기로 했는데 그게 바로 16진법이다. 0과 1을 기반으로 하는 2진법의 숫자 4자리를 쓰면 16개의 숫자를 나타낼 수 있다. 16개의 숫자를 나타내는 데에 새로운 기호를 사용하면 번거롭기 때문에 16진법의 기호로 기존에 쓰던 0부터 9까지의 아라비아 숫자 10개와 A, B, C, D, E, F의 알파벳 6개를 사용한다. 16진법에서 0부터 9까지는 아라비아 숫자와 똑같고, A = 10, B = 11, C = 12, D = 13, E = 14, F = 15를 나타낸다.

16진법으로 나타낸 수를 포토샵에서 쉽게 찾아볼 수 있다. 포토샵의 컬러 색상을 유심히 보면 #FFFFFF, #FF0000와 같이 알파벳과 숫자가 함께 있는 것을 발견할 수 있다. 컴퓨터에서는 색상을 빛의 삼원색 빨강(R), 초록(G), 파랑(B)의 세 가지로 나누고 각각을 0에서 255까지의 단계로 나눠 256가지 값으로 표시한다. 삼원색의 각 색은 R, G, B 순으로 두 자리로 나타낸다.

#FFFFFF는 RGB가 모두 최대 밝기인 255이므로 흰색이 되고, #FF0000은 R은 가장 큰 값인 255, 나머지 G와 B는 0이므로 결국 빨강이 된다.

#FFFFFF	#FF0000
R(FF) = 15×16+15×1 = 240+15 = 255	R(FF) = 15×16+15×1 = 240+15 = 255
G(FF) = 15×16+15×1 = 240+15 = 255	G(00) = 0×16+0×1 = 0
B(FF) = 15×16+15×1 = 240+15 = 255	B(00) = 0×16+0×1 = 0
→ 빛의 삼원색이 더해졌으므로 흰색이 된다.	→ 빨강(R)의 값은 최대치이고 초록(G), 파랑 (B)의 값이 00이므로 빨강이 된다.

또 어디서 숫자 16을 찾아볼 수 있을까? 몇 년 전부터 대유행인 MBTI에도 숫자 16이 있다. 각종 사회관계망서비스(SNS)에서는 각 성격 유형의 특징 및 장단점은 물론이고 상황별 대응 방식, 유형별 궁합 등 MBTI에 관한 다양한 콘텐츠가 넘쳐 난다. 유명인의 MBTI가 화제가 되고, 각 성격 유형에 따라 맞춤형 상품을 추천하는 방식의 마케팅도 활발하다. 멕시코의 한 언론에서는 MBTI가 한국의 젊은이들에게서 큰 인기를 끌면서 현대의 점성술 같은 역할을 하고 있다고 전했다.

MBTI의 정식 명칭은 마이어스-브릭스 유형 지표(Myers-Briggs Type Indicator)인데, 네 가지 척도에 기반해 구성한 심리검사 도구이다. 93개 검사 문항에 대한 답변을 통해 2개의 태도 지표(외향 E-내향 I, 판단 J-인식 P)와 2개의 기능 지표(감각 S-직관 N, 사고 T-감정 F)에 대한 선호도를 밝혀서 개인의 성격 유형을 구분한다. 네 가지 척도마다 두 가지 경우가 존재하므로, 2^4 = 16가지의 유형이 나온다. 각 척도에 대한 선호 지표를 나타내는 알파벳 글자를 따서 개인의 성격 유형을 'ENFP' 등과 같이 표시한다.

유형		T		F	
		J	P	J	P
I	S	ISTJ	ISTP	ISFJ	ISFP
	N	INTJ	INTP	INFJ	INFP
E	S	ESTJ	ESTP	ESFJ	ESEP
	N	ENTJ	ENTP	ENFJ	ENFP

　　MBTI에 대한 대중적 인기는 뜨겁지만, 많은 전문가들은 객관성, 신뢰성에 의문을 제기하고 있다. 검사할 때의 상황과 기분에 따라 답변이 달라질 수 있고, 그에 따라 검사 결과가 바뀔 수 있기 때문이다. 또한 겨우 16가지 유형으로 다양한 사람의 성격을 규정하고 단정 지을 수 없다는 점에서 한계가 있을 수밖에 없다.

천재 수학자를 만든 숫자

17 : 일곱 번째 소수

17은 16과 18 사이에 있는 소수인데, 처음 4개의 소수 2, 3, 5, 7을 합하면 17이 된다(2+3+5+7 = 17).

17을 두 제곱수의 합으로 나타내 보자. 17은 1과 16의 합인데, 1은 1의 제곱, 16은 4의 제곱이다. 그런데 1은 1의 네제곱이고, 16은 2의 네제곱이기도 하다. 그러니까 다음과 같이 쓸 수 있다.

$$17 = 1^2 + 4^2 = 1^4 + 2^4$$

이번에는 17의 세제곱을 구해 보자. 17의 세제곱은 4913인데, 각 자릿수를 모두 더하면 다시 17이 된다($17^3 = 4913$, 4+9+1+3 = 17). 18과 26도 이와 같은 성질을 갖는다. 정말 그런지 한번 확인해 보라.

나라마다 '불운의 숫자'로 여겨 꺼리는 숫자가 있다. 앞서 얘기한 4, 13 등이 그런 수이다. 이탈리아에서는 고대 로마 시대부터 숫자 17이 죽음을 상징하는 불길한 숫자로 여겨졌다. 17을 로마 숫자로 쓰면 XVII인데, 이 문자의 배열을 바꾼 VIXI는 라틴어로 "나의 인생은 끝났다"는 의미이다. 고대 로마에서는 이 단어를 묘비에 새기는 관습이 있어서 17이 죽음을 상징했던 것이다. 실제로 아직까지도 이탈리아 항공기에는 17열 좌석이 없으며, 건물에는 17층이 없다. 프랑스 르노 자동차의 르노17은 이탈리아에서 르노117이라는 이름으로 판매되었다. 이렇게 이탈리아 사람들이 꺼리는 숫자 17을 자신의 최고 업적을 기념하기 위해 묘비에 새기고자 했던 인물이 있다. 바로 천재 수학자 가우스다.

수학과 언어학, 양쪽에 뛰어난 재능을 가졌던 젊은 시절의 가우스가 수학을 전공하기로 마음을 먹은 데에는 유클리드 이후 약 2,000년 동안 풀리지 않았던 정십칠각형 작도 문제가 있었다. 정수론을 연구하던 19세의 가우스는 $x^{17} = 1$이라는 방정식의 해를 제곱근의 계산만으로 찾을 수 있다는 사실을 밝혀냈는데, 이는 눈금 없는 자와 컴퍼스만으로 정십칠각형을 작도할 수 있음을 증명한 것이다. 당시 수학계를 놀라게 한 이 발견으로 가우스는 수학자의 길을 가기로 결정했고, 이후 정수론에 대한 연구를 모아 발표한 《정수론 연구》라는 책으로 유럽 최고의 수학자로 인정받게 되었다.

가우스는 훗날 자신의 묘비에 정십칠각형을 새겨 달라고 했다. 정십칠각형 작도 문제는 수학자의 길을 걷게 했을 뿐 아니라 최고 수학자의 자리에 올려 준 업적이었으니 그럴 만도 하다. 하지만 묘비를 제작하는 석공이 자기 능력으로는 정십칠각형을 새겨 봐야 원과 구분할 수 없을 거라며 거절해서 가우스의 소원은 이뤄지지 않았다. 그 대신 가우스의 고향 브라운슈바이크에 있는 기념 동상 아래에 17개의 점으로 이루어진 별 모양이 새겨졌다.

가우스 동상에는 꼭짓점 17개인 별이 새겨져 있다.
ⓒBenutzer:Brunswyk(wikimedia). CC BY-SA 3.0.

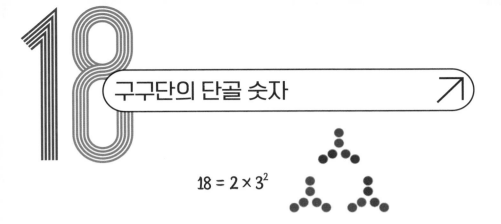

$$18 = 2 \times 3^2$$

2×9 = 18, 3×6 = 18, ⋯. 숫자 18은 우리가 어렸을 때 외우던 구구
단에 자주 나와서 친숙한 수다. 숫자 18이 구구단에서 자주 보이는 이유
는 무엇일까? 18의 약수를 구해 보면 그 답을 알 수 있다. 18의 약수는 1,
2, 3, 6, 9, 18이어서 1과 자기 자신을 제외한 약수에 해당하는 2단, 3단,
6단, 9단에 나온다. 약수가 많을수록 구구단에 자주 등장한다는 것을 알
수 있다.

초등학교 시절, 처음 만나는 수학의 난관이 바로 구구단이다. 하지만
이 어려움만 잘 넘기면 곱셈, 나눗셈을 쉽게 해결할 수 있다. 그런데 외우
기에만 급급했던 구구단을 찬찬히 관찰해 보면 여러 가지 재미있는 규칙
을 찾아낼 수 있다.

구구단에서 두 수를 곱해 나오는 답에 대해 자릿수 합(숫자 9번 글 참
조)을 구해 적어 보면 다음 표와 같다.

×	1	2	3	4	5	6	7	8	9
1	1	2	3	4	5	6	7	8	9
2	2	4	6	8	1	3	5	7	9
3	3	6	9	3	6	9	3	6	9
4	4	8	3	7	2	6	1	5	9
5	5	1	6	2	7	3	8	4	9
6	6	3	9	6	3	9	6	3	9
7	7	5	3	1	8	6	4	2	9
8	8	7	6	5	4	3	2	1	9
9	9	9	9	9	9	9	9	9	9

구구단표에서 규칙을 찾을 수 있는가? 숫자들이 너무 많아서 쉽게 규칙을 찾을 수 없다는 사람이 있을지도 모르니까 좀 더 알아보기 쉽게 그림으로 나타내 보자. 아래 그림처럼 원 위에 9개의 점을 찍어 9등분하고 각 점에 1부터 9까지의 숫자를 쓰도록 하자. 그리고 이 원에 구구단의 자릿수 합을 나타내자.

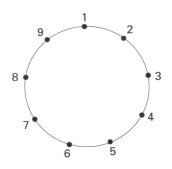

먼저 5단부터 그려 보자. 5단의 자릿수 합의 순서대로 5 → 1 → 6 → 2 → 7 → 3 → 8 → 4 → 9까지 이은 다음, 맨 마지막에 9에서 5로 이어지는 선을 하나 더 그어 주자. 5×10 = 50인데, 50의 자릿수 합은 5이니까 말이다. 그러고 나면 다음과 같은 그림이 된다.

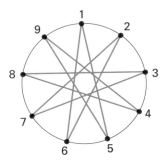

5단이 만드는 무늬, 멋지지 않은가?

다른 단의 자릿수 합도 원 위의 점을 이어 그림으로 그려 보면 다음과 같다.

1단과 8단   2단과 7단   3단과 6단   4단과 5단   9단

　　1과 8, 2와 7, 3과 6, 4와 5같이 더해서 9를 만드는 단은 자릿수 합의 순서가 서로 거꾸로 되어 있을 뿐, 같은 숫자가 반복되어 같은 무늬가 된다. 구구단 속에 이런 멋진 무늬가 숨어 있었다니!

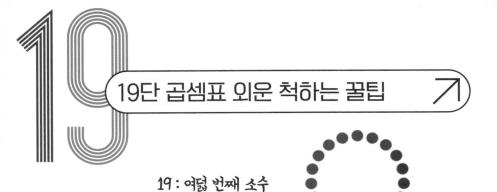

19단 곱셈표 외운 척하는 꿀팁

19 : 여덟 번째 소수

　　2000년대 초반부터 대한민국에서는 '19단 열풍'이 불기 시작했다. 19단은 기존의 $9 \times 9 = 81$에서 끝나는 구구단을 $19 \times 19 = 361$까지 확장한 것이다. 19단은 아라비아 숫자를 발명하고 0이라는 수를 발견한 '수학 강국' 인도의 전통적 수학 학습법으로 우리나라에 소개되었다.

　　고대 인도의 많은 수학자들은 일찍이 10진법, 계산법, 방정식, 대수학, 기하학, 삼각법 등을 연구했다. 고대 인도 수학에서 다뤘던 수학 원리나 문제들은 입에서 입으로 전해지거나 필사본의 형태로《베다 경전》속에 포함되어 있어서 '베다 수학'이라는 이름으로 불렸다. 이 내용들은 학생들이 쉽게 암기할 수 있도록 아주 간결하게 정리되어 있는 것이 특징이다. 유능한 IT 인력 중 인도 출신이 많은 이유를 이런 수학적 전통에서 찾기도 한다.

　　19단을 외워 두면, 두 자릿수 곱셈과 나눗셈을 할 때 유용하게 쓰이기 때문에 계산력에 도움이 된다. 빠른 계산력으로 짧은 시간 내에 많은 연산 문제를 풀 수 있다는 장점이 부각되어 초등학생 사이에 19단 외우기가 유행처럼 번졌다. 실제로 19단을 외우면 17×18과 같은 계산을 바로 할 수 있다. 하지만 19단은 $(19-1)^2 = 18^2 = 324$개(1단을 제외하니까)를 외워야 하니 64개만 외우면 되는 구구단에 비해 외워야 할 내용이 많다. 단순히 19단을 외워 계산 문제를 해결하면, 구구단을 큰 수의 계산에 활용하거나 계산의 패턴을 찾아내는 등 '진짜 수학'을 할 기회를 잃게 될 수도 있다.

구구단과 10진법을 제대로 알면 19단 곱셈표를 외우지 않고도 계산을 빨리할 수 있다. (십몇)×(십몇) 계산을 쉽게 해 주는 간단하지만 유용한 방법을 알아보자.

예를 들어 17×14를 계산한다고 하자.

ㄱ자 안에 있는 숫자를 더한 값(17+4 = 21) 다음에 0을 붙여 210을 써 주고, 일의 자릿수끼리 곱한 값 7×4 = 28을 더하면 된다.

이런 계산이 가능한 이유를 따져 보자. (십몇)×(십몇)의 계산에서 앞의 (십몇)을 1a, 뒤의 (십몇)을 1b라고 했을 때, 이 수들을 10진법으로 나타내면 각각 (10+a), (10+b)이다. 이 두 수의 곱을 구하는 계산은 다음과 같다.

$$1a \times 1b = (10 + a) \times (10 + b) = (10 + a) \times 10 + (10 + a) \times b$$
$$= (10 + a) \times 10 + 10 \times b + a \times b$$
$$= (10 + a + b) \times 10 + a \times b$$

앞에서 예로 들은 17×14의 곱은 $a = 7$, $b = 4$인 경우다. $17 + 4 = 21$이고, 여기에 10을 곱하는 것은 뒤에 0을 하나 붙이는 것과 같아서 210이 된다. 여기에 $7 \times 4 = 28$을 더해 주면 $210 + 28 = 238$이라고 답을 낼 수 있다. 이 방법을 이용해 조금만 연습하면 굉장히 빠른 속도로 19단 곱셈표에 나오는 계산을 해낼 수 있다.

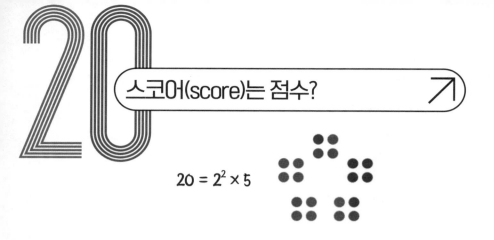

스코어(score)는 점수?

$$20 = 2^2 \times 5$$

미국 남북전쟁(1861~1865년)이 계속되는 가운데, 격전지였던 게티즈버그(Gettysburg)에서 목숨을 잃은 병사들을 위한 추도식이 열렸다. 이 행사에 참석한 미국 대통령 에이브러햄 링컨은 전쟁 중 사망한 이들의 영혼을 위로하며 연설을 시작했다. "국민의 정부, 국민에 의한 정부, 국민을 위한 정부(that government of the people, by the people, for the people)"라는 간결한 문구로 민주주의를 정의해 역사에 길이 남은 명연설이었다. 링컨의 이 게티즈버그 연설은 다음과 같이 시작된다. "Four score and seven years ago(…)." 우리말로 바꾸면 "4개의 점수와 7년"이다. 도대체 무슨 뜻일까?

'점수'라는 뜻을 가진 영어 단어 score에는 숫자 20이라는 뜻도 있다. 링컨 대통령의 연설이 1863년에 있었으니까 87(= 4×20+7)년 전인 1776년, 당시의 미국 독립선언을 가리키는 표현이었다. 그런데 왜 링컨은 80에 7을 더해 세는 'eighty-seven'이란 표현 대신 '4개의 20과 7'이라고 썼을까?

어린아이가 숫자 세는 모습을 떠올려 보자. '하나, 둘, 셋' 하고 소리를 내면서 손가락을 하나씩 접는 것을 볼 수 있다. 10까지의 수는 손가락 10개로 충분하지만, 이보다 수가 커지면 양말을 벗고 발가락을 이용한다. 손가락 10개, 발가락 10개를 이용해 20까지 셀 수 있으니까 20은 수를 세는 단위로 쓰기에 적당한 숫자다.

고대 마야 문명에서는 20을 단위로 하는 숫자 체계를 사용했는데, 0부터 19까지의 수를 나타내는 기호를 사용했다. 기호가 놓이는 자리에 따라 그 값이 달라지는 위치기수법을 사용했다는 내용이 5-6세기경 천문학과 점성술에 관련된 마야인들의 기록에 남아 있다.

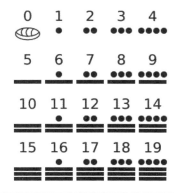

기호를 사용해 나타낸 마야의 20단위 숫자 체계.

마야인이 만든 달력에도 20이라는 단위가 나온다. 태양을 기준으로 한 하아브(Haab)는 지금 우리가 쓰는 달력과 마찬가지로 365일로 구성되어 있었다. 그런데 30일이나 31일을 한 달로 하는 우리의 달력과 달리 마야인의 하아브는 20일을 한 달로 했다. 그래서 18개의 달이 있고, 거기에 5일을 더해 365일이 되었다(20×18+5 = 365).

유럽 문화권에서는 20을 단위로 해서 수를 세는 방법이 흔하게 사용되었다. 영어와 독일어 등에서 11~19까지의 단어가 20 이상의 숫자처럼 10+1의 자리 숫자로 구성되지 않고 별도의 이름이 있는 데에서 그 흔적을 찾아볼 수 있다. 링컨이 87을 'four score and seven'이라고 쓴 것처럼 프랑스에서는 40이나 60은 그대로 40과 60으로 읽지만, 80은 특이하게 4×20으로 읽는다. 1971년 이전 영국에서 사용되던 화폐 단위 실링(shilling)은 20개가 모이면 1파운드였다. 즉 1실링은 $\frac{1}{20}$ 파운드에 해당했다.

수산물 시장에 가면 20과 관련된 여러 단위를 만날 수 있다. 조기나 청어는 '두름', 북어는 '쾌', 낙지는 '코', 오징어는 '축', 말린 명태는 '태'라는 단위를 써서 20마리 단위로 센다. 또한 한약방에서 약을 지을 때 쓰는 단위인 '제(劑)' 역시 20과 관련 있다. 한약 한 첩은 한 번 먹을 분량을 약봉지에 싸 놓은 것인데, 한 제는 하루 두 번, 10일 동안 먹는 분량으로 20첩을 뜻한다.

숫자 20과 관련된 다양한 단위가 있다는 사실은 10개의 손가락과 발가락을 이용해 수를 셌던 오래전 모습이 오늘날에도 남아 있음을 알려준다.

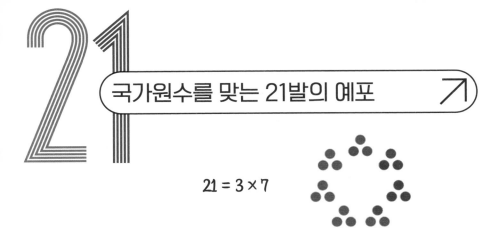

국가원수를 맞는 21발의 예포

$$21 = 3 \times 7$$

우리 주변 곳곳에서 심심치 않게 숫자 21을 볼 수 있다. 우선 정육면체 모양의 일반적인 주사위에는 1부터 6까지의 수를 나타내는 점들이 있고 주사위의 모든 숫자를 더하면 21이 나온다. 다음 그림과 같이 21은 정삼각형 모양을 만들기 때문에 삼각수이기도 하다.

$$1 + 2 + 3 + 4 + 5 + 6 = 21$$

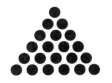

또한 우리가 숨 쉬는 공기 속에 들어 있는 산소의 비율이 대략 21% 이다. 공기의 약 78%에 이르는 대부분은 질소이고, 아르곤과 탄산가스 등 그 밖의 기체가 나머지 1%를 차지한다.

피자, 치킨을 먹을 때 빼놓을 수 없는 탄산음료를 떠올려 보자. 탄산

병뚜껑 톱니의 수는 21개.

음료가 든 유리병 뚜껑을 살펴보면 톱니 개수가 21개인 것을 알 수 있다. 톱니가 있는 왕관 모양의 병뚜껑(일명 크라운 캡)은 1892년 미국의 발명가 윌리엄 페인터가 만들었다. 병 속 탄산가스의 압력을 충분히 견디면서도 어렵지 않게 병을 열 수 있는 병뚜껑의 톱니 개수를 찾다가 21개가 가장 적합하다는 것을 발견하게 되었다.

　한 나라의 대통령이 다른 나라를 방문할 때, 그 나라에서 예의를 갖춰 환영하는 의미로 대포를 쏘는 것을 예포(禮砲, Cannon Salute)라고 한다. 예포는 보통 21발을 쏜다. 왜 그런 걸까? 두 손을 맞잡는 악수는 손에 무기가 없다는 것을 증명하는 관습이 일상적인 인사로 자리 잡은 것이다. 예포를 쏘는 것도 이와 비슷하게 관습이 의례가 된 경우다. 예포는 '해가 지지 않는 나라'라는 별명이 있을 정도로 전 세계에 식민지를 두고 바다를 지배했던 영국에서 시작된 관습으로 알려져 있다. 외국 배가 항구에 들어올 때, 들어오는 배와 항구를 지키는 요새가 각각 대포에 들어 있는 탄약을 허공에 대고 쏘아서 서로 싸울 의사가 없음을 보였다.

처음에는 항구에 들어오는 배는 7발, 항구를 지키는 해안 요새에서는 21발을 쏘는 것이 규칙이었다. 당시 배에 싣는 대포의 수가 대부분 7개 였기 때문이다. 또한 대포에 쓰는 화약은 수분을 흡수하는 성질을 가진 질산나트륨으로 만들어져서 배보다 육지에서 보관하기 쉬웠다. 따라서 배에서 7발을 쏘는 동안 육지에서는 3배 빨리 쏠 수 있어 21발의 예포를 쏘았다고 한다. 이런 이유 외에도 숫자 자체가 가진 의미 때문이라는 이 야기도 있다. 여러 문화에서 3과 7은 신성한 수로 여겨지는데, 21은 두 수의 곱으로 신성함이 겹쳐진 수이기 때문이라는 거다. 이후 예포는 유 럽의 기본 외교 의전으로 자리 잡혔고, 21발의 예포는 국가적으로 가장 큰 명예를 뜻해서 왕의 대관식이나 국빈 방문에 주로 쓰이기 시작했다.

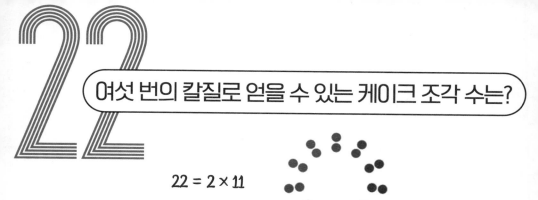

여섯 번의 칼질로 얻을 수 있는 케이크 조각 수는?

$$22 = 2 \times 11$$

　　짝수를 조화와 행운의 상징으로 여기는 중국 문화권에서 숫자 22는 행운과 번영을 상징하는 숫자로 여겨진다. '짝수, 짝지어진 것'이라는 뜻을 지닌 숫자 2가 겹친 수 22의 발음은 '쌍쌍(雙雙)'과 비슷한데, '쌍쌍'은 '2개의 좋은 일'이라는 뜻으로, 22가 행운을 2배로 가져다준다는 의미로 해석된다. 중국인들은 좋은 일이 연이어 일어나기를 기원하면서 짝수로 맞추는 것을 좋아한다. 실제로 중국에서는 22를 행운의 숫자로 여겨 2가 여섯 번이나 들어간 2022년 2월 22일에 많은 사람들이 결혼식을 올렸다고 한다.

　　즐겁고 행복한 날을 축하하는 데에는 케이크가 빠질 수 없다. 여럿이 나눠 먹도록 둥근 케이크를 칼로 자르는 경우를 생각해 보자. 칼로 케이크를 한 번 자르면 두 조각이 생긴다. 두 번 자르면 몇 조각이 생길까? 세 조각이 될 수도 있고, 네 조각이 생길 수도 있다.

　　처음 칼질한 직선과 평행하게 자르면 가장 적은 조각 수가 나오게 될 거다. 즉, 칼질을 n번 할 때 나올 수 있는 최소 조각 수는 $(n+1)$이다. 그렇

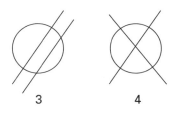

3   4

다면 이런 질문이 생긴다. "칼질을 n번 할 때 생기는 최대 조각 수는 얼마일까?"

세 번, 네 번 칼질로 최대한 많은 조각이 생기도록 자르는 방법은 다음 그림과 같다. 조각 수와 칼질 수 사이에 어떤 규칙이 있는지 살펴보자.

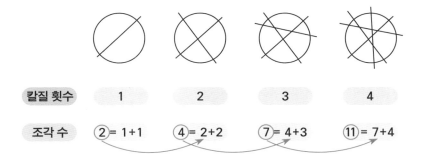

첫 번째 칼질로 생긴 조각 수는 2이고, n번째 칼질로 새로 n조각이 생기는 것을 볼 수 있다. $f(n)$이 n번의 칼질로 생긴 최대 조각 수라고 하면, 다음 식과 같은 관계가 있다.

$$f(1) = 2$$
$$f(2) = 2 + f(1)$$
$$f(n) = n + f(n-1)$$

이 관계를 이용해서 n번 칼질로 얻어지는 최대 조각 수 $f(n)$을 다음과 같이 구할 수 있다.

$$
\begin{aligned}
f(n) &= n + [(n-1) + f(n-2)] \\
&= n + (n-1) + \cdots + 2 + f(1) \\
&= n + (n-1) + \cdots + 2 + 2 \\
&= (n + (n-1) + \cdots + 2 + 1) + 1 \\
&= \frac{1}{2} n(n+1) + 1 \\
&= \frac{1}{2}(n^2 + n + 2)
\end{aligned}
$$

자연수 n에 대해 이 값을 계산해 보면, 2, 4, 7, 11, 16, 22, …가 나온다. 즉 여섯 번 칼질로 얻어지는 최대 조각 수가 22라는 걸 알 수 있다. 단지 여섯 번의 칼질만으로 케이크를 22조각 낼 수 있다는 사실이 꽤 놀랍다. 물론 22명 모두가 충분히 나눠 먹으려면 상당히 큰 케이크를 준비해야 되겠지만 말이다.

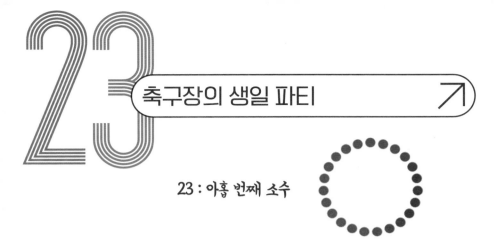

23 축구장의 생일 파티

23 : 아홉 번째 소수

축구 경기가 진행되는 동안 축구장 안에서 뛰는 사람은 몇 명일까? 각 팀에 11명의 선수가 있으니까 일단 22명에 주심 1명을 더하면 23명이다. 이 23명 중에 생일이 같은 사람이 있을까?

뜬금없는 질문이긴 하지만 과연 23명 중에 생일이 같은 사람이 있을지, 있다면 그 확률은 얼마일지 궁금해진다. 우선 생일로 가능한 날수는 365개다(윤년을 생각하면 2월 29일까지 있어 366일이지만 계산하기 쉽게 평년만 생각하자).

만일 366명의 사람이 모였고, 날짜를 써 붙인 365개의 방을 만들어 사람들에게 자기 생일인 방에 들어가게 했다고 생각해 보자. 사람들 생일이 굉장히 흩어져 있어서 365명의 생일이 모두 달랐다면 365개 방에는 각각 1명이 들어가 있게 된다. 마지막 366번째 사람이 자기 생일에 맞는 방에 들어가면 그 방에는 2명이 있게 된다. 즉, 366명이 있으면 그 중에는 반드시 생일이 같은 사람이 둘 이상이 있다는 걸 알 수 있다.

23명 중 생일이 같은 사람이 있을 확률을 구해 보자. 이 확률은 생일이 모두 다를 확률을 구해서 전체 확률 1(＝100%)에서 빼면 구할 수 있다. 23명에게 1번부터 23번까지 번호를 매기고 계산해 보자.

1번의 생일은 365일 중 어떤 날이 되어도 상관없으니까

$$\frac{365}{365}$$

2번의 생일은 1번의 생일과 달라야 하니까

$$\frac{(365-1)}{365} = \frac{364}{365}$$

3번의 생일은 1, 2번의 생일과 달라야 하니까

$$\frac{(365-2)}{365} = \frac{363}{365}$$

…

23번의 생일은 1, 2, … 22번의 생일과 달라야 하니까

$$\frac{(365-22)}{365} = \frac{343}{365}$$

모두 생일이 달라야 하니까 이 확률을 곱해야 한다.

$$\frac{365}{365} \times \frac{364}{365} \times \frac{363}{365} \times \cdots \times \frac{343}{365} = 약 \, 0.49 = 49\%$$

23명의 생일이 모두 다를 확률이 49%이므로 적어도 2명이 같을 확

률은 100%- 49% = 51%나 된다. 훨씬 더 많은 사람, 적어도 100명은 있어야 생일이 같은 사람이 있을 거 같은데 불과 23명으로도 생일 같은 사람이 있을 확률이 50% 이상이라니 신기한 일이다.

　실제로 n 명이 있을 때, 그중 생일이 같은 사람이 있을 확률을 구하는 수식과 n 의 값에 따른 확률 그래프는 아래와 같다.

$$P = 1 - \frac{365}{365} \times \frac{(365-1)}{365} \times \frac{(365-2)}{365} \times \cdots$$

$$\times \frac{(365-(n-2))}{365} \times \frac{(365-(n-1))}{365} = 1 - \frac{365!}{(365-n)!365^n}$$

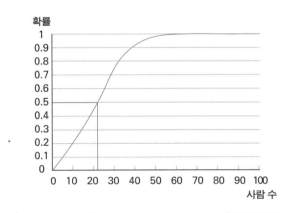

　그래프를 살펴보면 23명이 모인 자리에서 생일이 같은 사람이 있을 확률은 50%가 넘고, 60명이 모인 자리에서 생일이 같은 사람이 있을 확률은 99% 이상이 되는 걸 볼 수 있다.

동영상 프레임 수가 24인 이유는?

$24 = 2^3 \times 3$

영화관에서 영화를 볼 때와 집에서 TV로 스포츠 중계를 볼 때, 미묘한 차이를 느낀 적이 있을 것이다. 선수들의 움직임 하나하나를 잡아내는 스포츠 중계 화면은 빠르고 선명한 반면, 커다란 영화관 스크린 위로 흐르는 화면은 왠지 모르게 아련해서 환상 속에 있는 듯한 느낌을 준다. 왜 이런 차이가 생기는 걸까? 바로 두 영상의 프레임 속도가 다르기 때문이다.

흔히 움직임을 보여 주는 영상이라는 뜻으로 '동영상'이라는 표현을 쓰지만, 동영상은 여러 장의 정지된 이미지로 구성되어 있다. 이때 영상을 구성하는 이미지 한 장 한 장을 '프레임'이라고 한다. 우리가 동영상을 볼 때, 각각의 프레임은 아주 짧은 순간 우리 눈에 비춰지고 바로 다음 프레임으로 바뀐다. 우리 뇌는 방금 전에 눈으로 본 것을 기억하기 때문에 새로 보여지는 이미지를 그대로 보지 못하고 이전 이미지와 합쳐서 본다. 이것을 '잔상 효과'라고 하는데, 영화와 애니메이션 등은 이 효과를 이용하여 정지된 여러 장의 이미지를 짧은 시간 안에 바꿔 보여 줌으로써 마치 움직이는 것처럼 보이게 만든다.

프레임 속도는 1초에 여러 프레임이 표시되는 속도를 측정하는 것으로 fps(frames per second, 초당 프레임 수)라고도 한다. 사람의 눈은 초당 10~12프레임 정도를 인지하고, 24~30프레임 정도면 부드러운 움직임을 느낀다고 한다. 소리 없이 화면만 있어서 영화에 맞춰 그 내용을 설명하는 변사(辯士)가 필요했던 무성 영화는 16fps로 제작되었고, 이후 소리가 담긴 유성 영화부터는 24fps로 촬영되기 시작했다. 소리와 움직임 모두를 자연스럽게 담을 수 있는 최소 프레임 수가 24였기 때문이다. 영화 산업에서 24프레임을 선택한 이유는 또 있다. 영화 제작을 위해서는 편집이 필수인데, 편집을 위해서는 여러 수로 나누어떨어지는, 즉 약수가 많은 24가 편리하기 때문이다. 1초가 24프레임으로 구성되기 때문에, 절반인 12프레임은 0.5초를, 다시 절반인 6프레임은 0.25초를, 또다시 절반인 3프레임은 0.125초를 채우게 된다.

우리가 자주 접하는 TV나 스마트폰 영상을 촬영할 때는 30fps을 사용한다. 선수들의 움직임을 보다 선명하게 보여 줄 필요가 있는 스포츠나 동물의 생태를 자세히 잡아내는 다큐멘터리, 움직이는 표적을 세밀하게 보여 주는 게임 등의 영상에서는 60fps를 사용한다. 60 역시 여러 수로 나누어떨어진다는 특징을 가진다.

통신과 컴퓨터 기술의 발달로 고화질과 빠른 프레임 속도의 영상이 가능한데도 여전히 영화 산업에서는 24프레임을 유지하는 이유가 무엇일까? 오랫동안 사용되어 심리적으로 안정감을 준다는 이유도 있겠지만 비용적인 면에서도 유리하기 때문이다. 요즘 영화에서는 컴퓨터 그래픽을 이용하는 경우가 많은데, 초당 프레임 수가 높으면 더 많은 이미지를 처리해야 한다. 만일 24프레임이 아니라 60프레임을 사용한다면 초당 36개의 이미지를 더 처리해야 한다.

앞에서 동영상 초당 프레임 수로 24가 쓰이는 이유가 약수가 많기 때문이라고 했다. 24의 약수를 모두 구해 보자. 아마 제대로 구했다면 8개(1, 2, 3, 4, 6, 8, 12, 24)를 찾았을 것이다. 이 8개의 수 각각에서 −1을 한 뒤 2 이상 되는 수들만 써 보자. 아마 다음의 수를 얻었을 것이다.

$$2, 3, 5, 7, 11, 23$$

이 수들의 공통점은 무엇일까? 모두 소수이다. 24는 약수에서 1을 뺀 수 중 2보다 큰 것들이 모두 소수가 되는 성질을 가진 수 중 가장 큰 수이다.

24에 관한 간단한 숫자 퀴즈로 이야기를 마무리하자. 수 24를 3개의 8로 나타내는 것은 쉽다. 3개의 8을 더하면 되니까 말이다(8+8+8 = 24). 8이 아닌 다른 숫자 중 똑같은 숫자 3개를 사용해서 24를 나타내는 방법을 찾아보라. (답은 346쪽 '답 맞추기'에서 확인)

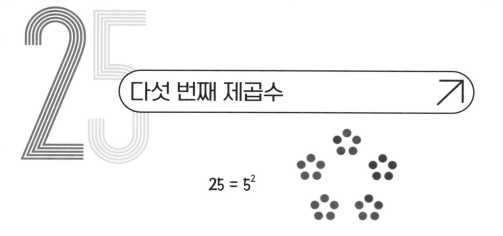

$$25 = 5^2$$

다섯 번째 제곱수

먼저 문화적인 측면에서 25라는 숫자를 살펴보자. 넷으로 나눈 것 중의 하나를 나타내는 '쿼터(quarter)'라는 영단어는 시간을 나타낼 때는 15분(1시간, 즉 60분의 $\frac{1}{4}$)을, 돈을 가리킬 때는 25센트(1달러, 즉 100센트의 $\frac{1}{4}$)를 뜻한다.

대부분의 문화권에서 10진법을 쓰고, 사람의 수명이 길어야 100년 남짓이기 때문인지 100년을 하나의 단위로 하는 세기(世紀, century)라는 단위가 있다. 100년의 반인 50년은 반세기, 반세기의 반인 25년은 4반세기라고 말한다. 결혼기념일을 이를 때도 25주년은 '은혼식'이라고 하면서 특별한 이름을 붙인다.

수학에서 25는 다섯 번째 제곱수이다. 5개의 점들로 이루어진 오각형 5개가 다시 오각형을 이루는 것을 볼 수 있다. 고대 그리스 사람들은 a와 b라는 두 수의 곱 $a \times b$를 가로 길이가 a, 세로 길이가 b인 직사각형의 넓이로 생각했다. 자연스럽게 같은 수를 두 번 곱한 제곱수는 모든 변의 길이가 같은 직사각형, 즉 정사각형의 넓이를 의미했다. 그래서 명사로 쓰일 때 정사각형이라는 뜻을 가진 스퀘어(square)는 'square a number' 에서와 같이 동사로 쓰일 때는 '수를 제곱하다'라는 뜻을 갖는다. 1, 4, 9, 16, 25와 같이 어떤 자연수의 제곱이 되는 정수를 '제곱수'라고 부른다.

제곱수 25는 5개 홀수의 합이기도 하다. 식으로 쓰면 다음과 같다.

$$25 = 1 + 3 + 5 + 7 + 9$$

그런데 식으로 쓰는 것보다 아래와 같이 그림으로 그려 보면 첫 번째 홀수부터 다섯 번째 홀수까지 더했을 때 다섯 번째 제곱수가 된다는 걸 쉽게 알 수 있다. 이뿐만 아니라 제곱수와 홀수 사이의 관계를 발견하는 데에도 크게 도움이 된다.

홀수와 제곱수 사이의 관계를 일반화해서 고등학교 수학 교과서에 서는 다음과 같이 쓴다.

$$1 + 3 + \cdots + (2n-1) = \sum_{k=1}^{n} (2k-1) = n^2$$

아래 그림을 보자. 세 변의 길이가 3, 4, 5인 직각삼각형에서 빗변 길이의 제곱(5^2)은 나머지 두 변 길이의 제곱($3^2 + 4^2$)과 같음을 보여 주고 있다. 이 그림을 통해 25는 두 제곱수의 합으로 나타내어지는 가장 작은 제곱수($25 = 3^2 + 4^2$)라는 것을 알 수 있다. 덕분에 25는 '직각삼각형의 빗변 길이의 제곱은 나머지 두 변 길이의 제곱을 더한 것과 같다'는 피타고라스 정리의 설명에 자주 등장한다.

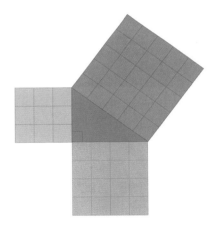

소수의 분포와 관련해서도 25가 등장한다. 100보다 작은 소수는 모두 몇 개일까? 소수는 1보다 큰 수 중 1과 자신 외에는 약수가 없는 수여서 2의 배수, 3의 배수, 5의 배수, …를 계속해서 지워 가면 소수만 남게 된다. 소수를 찾는 이런 방식을 '에라토스테네스의 체'라고 한다. 다음 쪽에 1부터 100까지 적어 놓았으니 배수들을 지워서 직접 소수를 찾아보자.

1	2	3	4	5	6	7	8	9	10
11	12	13	14	15	16	17	18	19	20
21	22	23	24	25	26	27	28	29	30
31	32	33	34	35	36	37	38	39	40
41	42	43	44	45	46	47	48	49	50
51	52	53	54	55	56	57	58	59	60
61	62	63	64	65	66	67	68	69	70
71	72	73	74	75	76	77	78	79	80
81	82	83	84	85	86	87	88	89	90
91	92	93	94	95	96	97	98	99	100

소수를 제대로 찾았다면 25개라는 답을 찾았을 것이다. (답은 346쪽 '답 맞추기'에서 확인)

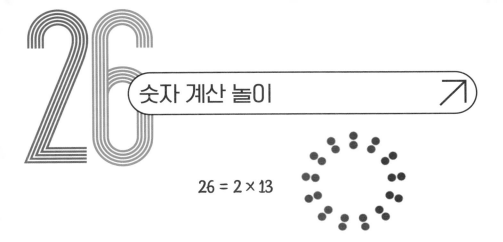

숫자 계산 놀이

$$26 = 2 \times 13$$

간단하지만 나름 재미있는 숫자 계산 놀이를 해 보자. 우선 아무거나 두 자릿수 하나를 골라 보라. 그 수의 일의 자릿수에 5를 곱하고, 십의 자릿수를 더해 새로운 수를 만드는 거다. 예를 들어 14를 골랐다면 일의 자릿수 4에 5를 곱한 값 20에 십의 자릿수 1을 더해 21이 나오는 거다.

일의 자릿수

$$14 \longrightarrow 4 \times 5 + 1 = 21$$

십의 자릿수

이 계산을 새로 나온 수에 대해서 계속해 보자. 언제까지 해야 할까? 계산하다 보면 멈춰야 할 때를 알 수 있을 거다. 14를 가지고 위의 계산을 해 봤더니 다음과 같은 결과를 얻는다.

$$14 \longrightarrow 21 \longrightarrow 7 \longrightarrow 35 \longrightarrow 28 \longrightarrow 42 \longrightarrow 14$$

여섯 번의 계산 끝에 처음 시작한 수 14로 다시 돌아왔다. 다른 수로도 이 계산을 해 보자. 어떤 수로 시작하는지에 따라 멈출 때까지의 계산 횟수가 꽤 많을 수도 있고, 금방 멈추게 될 수도 있다. 가장 계산 횟수가 많을 때는 자그마치 42번이나 계산을 반복해야 처음 시작한 수로 돌아온다. 도대체 어떤 수일까?

답을 찾으려 계산하다 보면 중간 계산 과정에서 재미있는 성질을 발견했을 것이다. 그중 하나는 7의 배수들에 대한 성질인데, 7부터 98까지 두 자릿수 7의 배수에 대해 위의 계산을 하면 항상 7의 배수가 나온다. 심지어 7의 7배인 49는 단 한 번의 계산으로 자기 자신으로 돌아온다.

$$49 \longrightarrow 9 \times 5 + 4 = 45 + 4 = 49$$

49에 이어지는 $10n + 9(n = 5, \cdots, 9)$의 꼴인 수 59, $\cdots$, 89, 99는 한 번 계산한 결과가 49보다 1씩 커지고, 한 번 더 계산한 결과에서는 일정한 규칙을 찾을 수 있다.

$59 \longrightarrow 9 \times 5 + 5 = 45 + 5 = 50 \longrightarrow 0 \times 5 + 5 = 5 = 5 \times 1$

$69 \longrightarrow 9 \times 5 + 6 = 45 + 6 = 51 \longrightarrow 1 \times 5 + 5 = 10 = 5 \times 2$

$79 \longrightarrow 9 \times 5 + 7 = 45 + 7 = 52 \longrightarrow 2 \times 5 + 5 = 15 = 5 \times 3$

$89 \longrightarrow 9 \times 5 + 8 = 45 + 8 = 53 \longrightarrow 3 \times 5 + 5 = 20 = 5 \times 4$

$$99 \longrightarrow 9 \times 5 + 9 = 45 + 9 = 54 \longrightarrow 4 \times 5 + 5 = 25 = 5 \times 5$$

즉, $10n + 9(n = 5, \cdots, 9)$의 꼴인 수들은 두 번 계산으로 $5 \times (n - 4)$의 값이 된다.

혹시 위의 계산을 42번이나 해야 자신으로 돌아오는 수가 무엇인지 찾았는가? 오랜 계산 끝에 26이라는 답을 찾은 사람이라면 수학자가 될 자질이 충분하다. 26은 수학적으로도 재미있는 숫자이다. 26 자신은 대칭수(또는 회문수, 숫자 11번 글 참조)가 아니지만 26을 제곱한 수 $26^2 = 676$은 대칭수이면서 제곱수이다. 이렇게 자신은 대칭수가 아니지만 제곱하면 대칭수가 되는 세 자릿수 중에는 $264^2 = 69696$, $307^2 = 94249$, $836^2 = 698896$이 있고, 네 자릿수 중에는 $2285^2 = 5221225$, $2636^2 = 6948496$이 있다.

26의 세제곱 역시 재미있는 성질을 가지고 있다. $26^3 = 17576$인데, 이 수의 각 자릿수를 모두 더해 보자. 또다시 26이 등장하는 것을 볼 수 있다$(1+7+5+7+6 = 26)$.

세 번째 세제곱수

$$27 = 3^3$$

　같은 수 또는 같은 문자를 여러 번 곱한 것을 '거듭제곱'이라고 한다. 어떤 수의 세제곱은 그 수를 세 번 곱한 값이다. 식으로 나타내면, 어떤 수 a에 대한 세제곱은 a^3으로 쓴다. 예를 들어 1의 세제곱은 $1^3 = 1 \times 1 \times 1 = 1$이고, 2의 세제곱은 $2^3 = 2 \times 2 \times 2 = 8$이고, 3의 세제곱은 $3^3 = 3 \times 3 \times 3 = 27$이다. 수의 세제곱은 부피를 나타내는 데에 자주 사용된다. 한 변의 길이가 a인 정육면체의 부피는 a^3으로 계산된다.

　3의 세제곱 27이 가진 몇 가지 재미있는 성질을 살펴보자.

　27은 3의 배수이자 9의 배수이므로 그 자릿수 합(2+7 = 9)은 당연히 3의 배수이면서 9의 배수가 된다. 그런데 이 자릿수 합에 3을 곱하면 다시 27이 된다. 이렇게 자릿수 합에 3을 곱한 값이 원래 수가 되는 수는 27이 유일하다.

　27의 십의 자릿수는 2, 일의 자릿수는 7이다. 2부터 7까지 자연수를 모두 더해 보라. 재미있게도 27이 된다(2 + 3 + 4 + 5 + 6 + 7 = 27).

　27의 1배, 2배, 3배인 수들은 두 자릿수이고, 4배부터 37배까지 세 자릿수가 된다. 27의 배수 중 세 자릿수에는 재미있는 성질이 있다. 세 자릿수 27의 배수를 모두 구한 다음, 뭔가 특별한 규칙이 있는지 살펴보자.

배	27의 배수	배	27의 배수	배	27의 배수	배	27의 배수
4	108	13	351	22	594	31	837
5	135	14	378	23	621	32	864
6	162	15	405	24	648	33	891
7	189	16	**432**	25	675	34	918
8	216	17	459	26	702	35	945
9	**243**	18	486	27	729	36	972
10	270	19	513	28	756	37	999
11	297	20	540	29	783		
12	**324**	21	567	30	810		

27의 9배는 243(= 27×9)이고, 12배는 324(= 27×12), 16배는 432(= 27×16)이다. 이 수들은 같은 숫자들로 이루어져 있으며 243의 일의 자릿수를 맨 앞으로 옮기면 324가 되고 다시 이 수의 일의 자릿수를 맨 앞으로 옮기면 432가 된다. 표에서 같은 숫자들로 이루어진 다른 27의 배수도 살펴보면 같은 성질을 가지는 걸 알 수 있다. 이런 성질을 이용하면 ABC가 27의 배수임을 알면, CAB와 BCA도 27의 배수임을 쉽게 알 수 있다.

ABC가 27의 배수라면 CAB도 27의 배수라는 것을 보여서 세 자릿수 27의 배수가 가지는 이 성질을 증명해 보자.

ABC가 27의 배수이면 다음과 같이 나타낼 수 있다.

$ABC = 100 \times A + 10 \times B + C = 27 \times k \,(k$는 자연수$)$ …… ①

또한 CAB도 같은 방식으로 나타내면 다음과 같다.

$CAB = 100 \times C + 10 \times A + B$ …… ②

①을 변형하면

$10 \times A + B = \dfrac{1}{10} \times (100 \times A + 10 \times B) = \dfrac{1}{10} \times (27 \times k - C)$ …… ③

③을 이용해서 ②를 다시 쓰면 다음과 같다.

$$100 \times C + 10 \times A + B = 100 \times C + \dfrac{1}{10} \times (27 \times k - C)$$
$$= \dfrac{1}{10} \times (1000 \times C + 27 \times k - C)$$
$$= \dfrac{1}{10} \times (999 \times C + 27 \times k)$$ …… ④

그런데 $999 = 9 \times 111 = 9 \times 3 \times 37 = 27 \times 37$이므로

$100 \times C + 10 \times A + B = 27 \times \dfrac{1}{10} \times (37 \times C + k)$이므로 CBA도 27의 배수이다.

27의 세제곱 또한 재미있는 성질을 가지고 있다. 27의 세제곱을 계산하면 $27^3 = 27 \times 27 \times 27 = 19683$인데, 이 수의 각 자릿수 합은 $1 + 9 + 6 + 8 + 3 = 27$이다. 다시 27이 등장해서 다음과 같은 식이 성립한다.

$$27^3 = 19683 = (1 + 9 + 6 + 8 + 3)^3$$

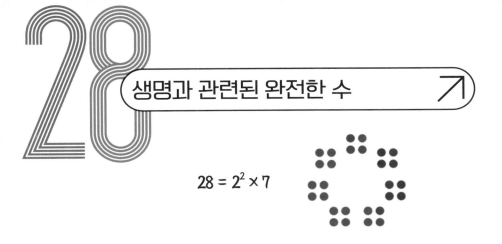

생명과 관련된 완전한 수

$$28 = 2^2 \times 7$$

임신 기간을 두고 서양에서는 9개월이라고 하고, 우리나라에서는 10개월이라고 한다. 왜 임신 기간을 가리키는 말이 다를까? 서양 사람들은 수정된 날로부터 266일(약 9개월)을 임신 기간으로 보고, 우리는 마지막 월경 시작일로부터 280일을 임신 기간으로 본다. 이때 한 달을 28일로 계산해서 10개월이라 보는 것이다.

둥근 달이 기울었다가 다시 차기까지는 대략 28일쯤 걸린다. 이 때문에 달을 기준으로 하는 전통적인 음력에서도 한 달을 28일로 계산한다. 우리 열 손가락의 마디를 세어 보면 28개가 된다. 또한 여성의 생리주기는 28일이 많고, 피부 세포가 생성되고 각질이 되어 떨어져 나가기까지 걸리는 시간도 28일이다. 만 6세쯤 처음 나기 시작해서 평생 사용하는 어른 치아를 영구치라고 하는데, 영구치는 사랑니를 제외하면 28개이다. 이쯤 되면 28이 생명과 관련된 흥미로운 수라는 생각이 든다.

수를 도형과 결합해서 수 자체의 성질과 수 사이의 관계를 찾으려 했던 고대 수학자 피타고라스는 삼각형, 사각형, 오각형… 등과 수를 연결하여 삼각수, 사각수, 오각수… 등으로 이름을 붙였다. 28개의 공으로 다음 그림과 같은 삼각형 모양이 만들어지므로 28은 삼각수이다.

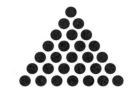

$$28 = 1 + 2 + 3 + 4 + 5 + 6 + 7$$

28이 가지고 있는 흥미로운 성질은 소수와 관련되어 있다. 처음 소수 5개를 적어 보자. 그런 다음 더해 보라. 어떤 수가 나오는가?

$$2 + 3 + 5 + 7 + 11 = 28$$

이번엔 1에서부터 소수가 아닌 수 5개를 찾아 더해 보자. 이번에도 28이 나오는 것을 알 수 있다.

$$1 + 4 + 6 + 8 + 9 = 28$$

28을 나머지 없이 나누어떨어지게 하는 수, 즉 28의 약수는 1, 2, 4, 7, 14, 28이다. 28의 약수 중에서 자기 자신보다 작은 약수를 모두를 더하면 원래의 자기 자신이 된다(1+2+4+7+14 = 28). 이런 성질을 갖는 수에 피타고라스는 '완전수(perfect number)'라는 이름을 붙였다. 가장 작은 완전수는 1, 2, 3을 약수로 갖는 6이다(1+2+3 = 6). 피타고라스와 그의 학파에 속한 사람들만 6과 28을 완전한 수라고 생각했던 것은 아니다. 중세의 종교학자들은 하나님이 6일 만에 이 세상을 창조했고, 달은 28일마다 한 번씩 지구 둘레를 도는 것이 6과 28의 완전성을 보여 주는 것이라 생각했다. 또 태중의 아기는 완전수 28일이 10번 지나는 동안 무럭무럭 자라 세상에 나오므로 6과 28이라는 두 수를 생명과 관련된 '완전한' 수라고 여기기에 충분한 이유였을 것이다.

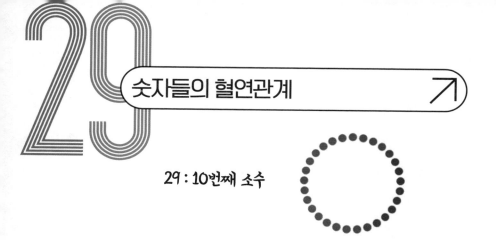

숫자들의 혈연관계 ↗

29 : 10번째 소수

수학자들은 수의 기본 원소라고 할 수 있는 소수에 지대한 관심을 갖는다. 소수의 성질을 알아내기 위해 다양한 시각에서 소수들이 감춰 놓은 규칙을 찾으려 한다. 수를 오랫동안, 자세히 연구했던 수학자들은 수 자체를 굉장히 사랑스러운 대상이며 친구처럼 여겼던 것 같다. 수 사이의 관계를 사람 사이의 관계를 들어 이름 붙인 것을 보면 그런 심증은 더 굳혀진다.

3과 5, 5와 7, 11과 13과 같이 소수 중에서 2만큼 차이 나는 두 소수를 보고 수학자들은 함께 태어난 쌍둥이를 떠올렸나 보다. 그래서 이런 두 소수를 '쌍둥이 소수(twin primes)'라 한다. 100보다 작은 소수 중에서 쌍둥이 소수는 8쌍 있다. 직접 찾아보고 적어 보자.

100보다 작은 쌍둥이 소수 쌍 :

$(3, 5)$, $(5, 7)$, $(11, 13)$, $(17, 19)$, $(29, 31)$, $(41, 43)$, $(59, 61)$, $(71, 73)$

쌍둥이 소수를 적어 보면서 규칙을 발견한 사람도 있을 것 같다. 혹시 처음 쌍둥이 소수인 (3, 5)를 제외하고 나머지는 6의 배수에서 1을 뺀 수와 1을 더한 수로 짝지어 있다는 것을 눈치챘는가? 식으로 쓰면 $(6k-1, 6k+1)$, 단 여기서 k는 자연수이다.

오래전부터 사람들은 소수 세계에 쌍둥이가 무한히 많은지 궁금해했고, 컴퓨터가 발전하면서부터는 직접 쌍둥이 소수를 발견해 왔다. 무한히 많은 소수가 존재하듯, 쌍둥이 소수도 무한히 많을 것이라고 추측하기는 하지만 여전히 추측에 머물러 있다. 확실한 것은 쌍둥이 소수가 매우 드물다는 점이다. 처음 100만 개의 정수들 가운데 쌍둥이 소수는 겨우 8,169쌍뿐이다. 쌍둥이 소수를 찾는 노력이 계속되고 있는데, 2016년에 발견한 쌍둥이 소수는 $2996863034895 \times 2^{1290000} \pm 1$로, 388342자릿수나 되는 아주 큰 수다.

2보다 큰 두 소수 사이의 차는 항상 짝수일 수밖에 없다. 2를 제외한 나머지 소수는 모두 홀수이고 홀수에서 홀수를 뺀 값은 짝수가 되기 때문이다. 그래서 다음으로 사이가 가까운 두 소수는 차이가 4만큼 난다. 3과 7, 7과 11과 같이 4만큼 차이 나는 두 소수에는 '사촌 소수(prime cousins)'라는 이름을 붙였다. 100보다 작은 소수 중에서 사촌 소수도 8쌍이 있는데 다음과 같다.

100보다 작은 사촌 소수 쌍:

$(3, 7)$, $(7, 11)$, $(13, 17)$, $(19, 23)$, $(37, 41)$, $(43, 47)$, $(67, 71)$, $(79, 83)$

그럼 5와 11, 11과 17처럼 6만큼 차이 나는 두 소수를 뭐라고 할까? 영어로 '섹시 소수(sexy primes)'라고 부르는데, 라틴어로 6을 'sex'라고 하는 데에서 나왔다. 쌍둥이, 사촌에 이어 '육촌 소수'라고 부르는 게 더 자연스러울 듯하다. 100보다 작은 소수 중에는 다음과 같은 15쌍의 육촌 소수가 있다.

100보다 작은 육촌 소수 쌍:

$(5, 11)$, $(7, 13)$, $(11, 17)$, $(13, 19)$, $(17, 23)$, $(23, 29)$, $(31, 37)$, $(37, 43)$, $(41, 47)$, $(47, 53)$, $(53, 59)$, $(61, 67)$, $(67, 73)$, $(73, 79)$, $(83, 89)$

위의 나열된 육촌 소수 쌍을 살펴보면 겹치는 수가 많음을 알 수 있다. 3개의 육촌 소수 쌍으로 $(31, 37, 43)$을 찾아볼 수 있고, 4개의 육촌 소수 쌍으로 $(61, 67, 73, 79)$를 찾을 수 있다. 심지어 $(5, 11, 17, 23, 29)$는 6만큼 차이 나는 소수들이 5개나 연이어 있다. 이렇게 5개의 육촌 소수가 연이어 있는 경우는 오직 이 경우밖에 없다.

110

제곱수의 합으로 얻어지는 계란 한 판

$$30 = 2 \times 3 \times 5$$

　계란 한 판에는 달걀 몇 알이 들어 있을까? 30알이다. 물론 요즘에는 10알, 20알, 15알 등 다양한 개수로 팔고 있지만 흔히 계란 한 판은 30알로 센다. 그래서 나이 서른을 두고 '계란 한 판'이라고 비유적으로 말하기도 한다.

　사람의 인생에서 30세는 성인이 되는 나이로 여겨진다. 공자는 30세를 가리켜 '이립(而立)'이라고 했다. 사람의 나이가 서른이면 세상과 가정의 기반을 이루고 스스로 일어선다는 뜻이다. 그런 의미에서 서른은 자신이 해야 할 일을 시작하고 책임질 수 있는 나이라고 여겨졌다. 고대 로마에서 평민의 권리를 지키는 일을 맡기는 호민관(護民官)을 뽑을 때에도 30세 이상인 남자를 대상으로 했다.

　그럼 수학적으로 30은 어떤 재미있는 성질을 가지고 있을까? 1부터 4까지를 제곱해서 더하면 30이 얻어진다.

$$1^2 + 2^2 + 3^2 + 4^2 = 1 + 4 + 9 + 16 = 30$$

1부터 4까지 연이은 수를 제곱하여 더하면 30이 되는 것을 보면서 자연스레 질문이 생긴다. 연이은 제곱수를 더한 값은 어떻게 구할 수 있을까? 즉, $1^2 + 2^2 + \cdots + n^2$ 을 구하는 공식은 무엇일까?

때로 수를 도형으로 나타내면 수 사이의 규칙이 더 잘 보인다. 특히 제곱수는 정사각형 모양으로 나타낼 수 있다.

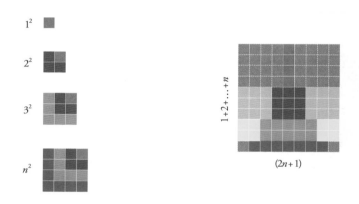

위 왼쪽의 정사각형 4개는 1부터 4의 제곱을 작은 정사각형으로 만들어 표시한 것이다. 오른쪽 그림은 왼쪽 정사각형들을 이루고 있는 작은 정사각형으로 탑 모양을 만들고 그 주변에 정사각형들을 더해서 직사각형 모양을 만든 것이다. 그런데 가운데 탑 모양과 그 왼쪽, 오른쪽에 더해진 두 도형을 이루고 있는 정사각형의 개수가 같음을 알 수 있다. 이를 식으로 나타내면 다음과 같다.

$$3(1^2 + 2^2 + \cdots + n^2) = (2n+1)(1 + 2 + \cdots + n)$$

쌓기나무를 이용해서 같은 공식을 이끌어 낼 수 있다. 아래 그림에서는 쌓기나무를 이용해 1부터 4까지의 제곱수로 만든 계단 모양 3개를 합쳐 직육면체를 만드는 과정을 보여 주고 있다.

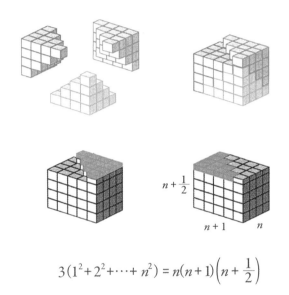

$$3(1^2 + 2^2 + \cdots + n^2) = n(n+1)\left(n + \frac{1}{2}\right)$$

이를 통해 $1^2 + 2^2 + \cdots + n^2$을 구하는 공식을 구할 수 있다.

$$1^2 + 2^2 + \cdots + n^2 = \frac{1}{6}n(n+1)(2n+1)$$

113

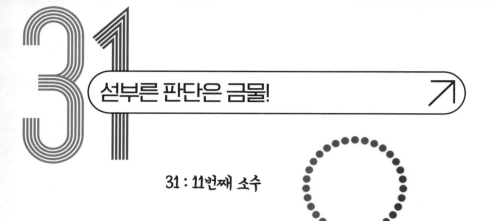

섣부른 판단은 금물!

31 : 11번째 소수

사람은 때로 정확한 판단보다 빠른 판단을 내리기를 선택한다. 일정한 규칙이 반복된다 싶으면 그 규칙이 이후에도 계속될 거라 믿는다. 하지만 복잡한 세상은 이런 판단이 섣불렀다는 것을 보여 주며 오류에 빠지게 한다. 정확성과 엄밀성을 추구하는 수학자들도 자주 섣부른 판단의 함정에 빠지곤 했다.

31은 '유클리드 수'이다. 고대 그리스 수학자 유클리드의 이름을 딴 유클리드 수는 처음 n개의 소수를 곱한 다음 1을 더한 수이다. 처음 몇 개의 유클리드 수는 다음과 같다.

$$3 = 2 + 1$$
$$7 = 2 \times 3 + 1$$
$$31 = 2 \times 3 \times 5 + 1$$
$$211 = 2 \times 3 \times 5 \times 7 + 1$$

이런 모양의 수에 유클리드의 이름을 붙인 것은 유클리드가 소수가 무한히 많다는 것을 다음과 같이 증명하는 과정에서 나왔다.

소수의 무한성에 대한 유클리드의 증명
소수의 개수가 유한하다고 가정하자. 유한한 소수를 $p_1, p_2, p_3, \cdots, p_n$ 이라고 할 때, 다음과 같은 P를 생각하자.

$$P = p_1 \times p_2 \times \cdots\cdots \times p_n + 1$$

P는 기존의 소수 $\{p_1, p_2, \cdots p_n\}$으로 나눠지지 않는다. 이것은 P가 소수라는 것을 의미하는데, P는 기존의 소수 중 하나가 아니다. 즉, 새로운 소수이다. 이것은 기존의 소수가 유한 개로 $\{p_1, p_2, \cdots p_n\}$뿐이라는 가정에 어긋난다. 이런 모순이 생긴 이유는 애초에 소수가 유한하다는 가정이 틀렸기 때문에 발생한 것이다. 따라서, 소수의 개수는 무한히 많다.

이렇게 새로운 소수를 만드는 방식으로 표현되는 수이고 처음 몇 개의 수가 소수이므로 다음 유클리드 수 역시 소수일 거라 생각하기 쉽다. 하지만 여섯 번째 유클리드 수는 소수가 아니다.

$$2 \times 3 \times 5 \times 7 \times 11 \times 13 + 1 = 30031 = 59 \times 509$$

수가 작을 때는 소수인지 아닌지 알아보기가 쉽지만, 커질수록 소수인지 알아보기가 힘들다. 17세기 수학자들은 다음의 수들이 모두 소수임을 알아냈다.

31	331	3331	33331	333331	3333331	33333331
		3개	4개	5개	6개	7개

이 수들은 일의 자릿수는 1이고 나머지 자리는 모두 3이라는 공통점을 지녔다. 3의 개수가 늘어나도 계속해서 소수가 되다 보니 다음에 오는 3이 8개이고 일의 자릿수가 1인 333333331도 당연히 소수일 거라고 짐작했다. 당시 수학자들은 이런 꼴의 수가 소수임을 증명하는 방법을 찾아내려 애썼다. 그런데 컴퓨터를 사용하게 되면서 당연히 소수일 거라 생각했던 333333331이 소수가 아니라 17의 배수임이 밝혀졌다.

$$333333331 = 17 \times 19607843$$

그리고 다음에 오는 8개의 수, 즉 3의 개수가 9개, 10개, ⋯ 16개이고 일의 자릿수가 1인 수들은 모두 합성수이지만 3의 개수가 17개인 수는 소수임이 밝혀졌다.

$3333333331 = 673 \times 4952947$

$33333333331 = 307 \times 108577633$

$333333333331 = 19 \times 83 \times 211371803$

$3333333333331 = 523 \times 3049 \times 2090353$

$33333333333331 = 607 \times 1511 \times 1997 \times 18199$

$333333333333331 = 181 \times 1841620626151$

$3333333333333331 = 199 \times 16750418760469$

$33333333333333331 = 31 \times 1499 \times 717324094199$

$333333333333333331 : 소수$

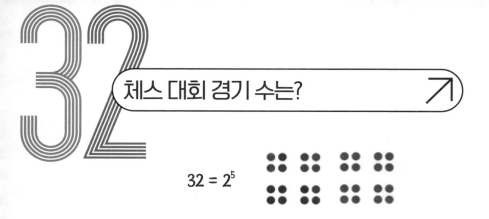

체스 대회 경기 수는?

$$32 = 2^5$$

32는 게임이나 시합, 대회에서 많이 발견되는 숫자이다. 우리가 즐기는 게임을 살펴보면 상당히 많은 수가 편을 나누어 싸우는 전쟁 상황을 놀이로 만든 것임을 알 수 있다. 동양의 장기와 서양의 체스가 대표적인 예인데, 둘 다 고대 인도의 전쟁 게임인 '차투랑가(Chaturanga)'에서 유래되었다고 한다.

초나라와 한나라의 전쟁을 소재로 만든 장기에 쓰이는 장기판은 가로 9줄, 세로 10줄이 그려져 있고 가로줄과 세로줄의 교차점 위에 말을 두는 반면, 체스에서 사용하는 체스보드는 64개의 흑백 정사각형이 교대로 놓여 있고 정사각형 안에 말을 둔다. 두 게임 모두 2인용 게임으로 각자 16개의 말을 가진다. 장기의 말은 궁 1개, 차, 포, 마, 상, 사는 각 2개씩, 졸/병은 5개이다. 체스의 말은 폰 8개와 킹, 퀸이 각 1개씩, 룩, 나이트, 비숍은 각 2개씩이다. 판 위에서 양쪽 합해 32개의 말이 각기 다른 방식으로 움직이며 상대의 왕을 잡기 위해 다양한 전략을 펼치게 된다.

스포츠 경기나 체스 대회 등은 여러 번 경기를 치르면서 패자는 탈락하고 승자만 남아 최종 우승자를 가리는 토너먼트로 진행되는 경우가 많다. 월드컵도 지역 예선전을 치른 후 본선부터는 32개 팀이 참가해서 토너먼트 방식으로 우승 팀을 가리게 된다. 여기서 토너먼트 방식과 관련된 문제 하나를 생각해 보자.

"만일 토너먼트 방식으로 우승자를 결정하는 체스 경기에 32명이 참가했다면, 챔피언 1명이 나올 때까지 모두 몇 경기가 벌어질까?"

이런 문제를 만나게 되면 자연스럽게 다음과 같은 대진표를 머릿속에 떠올리게 될 거다.

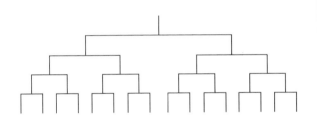

1라운드 : 32명, 16경기

2라운드 : 16명, 8경기

3라운드 : 8명, 4경기

준결승전 : 4명, 2경기

결승전 : 2명, 1경기

1라운드에서 32명이 16경기를 통해 2라운드 진출자 16명과 탈락자 16명을 가리게 된다. 2라운드에서는 16명이 8경기를 하고 절반이 3라운드 진출, 나머지 절반이 탈락한다. 3라운드에 진출한 8명이 4경기를 통해 승부를 가리고 나면 4명이 준결승전을 벌이게 된다. 준결승전 2경기의 승자 두 사람이 마지막 결승전 한 판을 벌이게 된다. 이렇게 1라운드부터 결승전까지 이어지는 경기 수를 모두 더하면, 16 + 8 + 4 + 2 + 1 = 31

경기이다.

그런데, 이 문제는 좀 더 쉽게 생각할 수 있다. 32명이 참가한 체스 경기는 챔피언 1명과 나머지 31명으로 나눌 수 있다. 초점을 챔피언 1명에게 맞추면 처음의 접근처럼 일일이 대진표를 그려 각각의 라운드에 벌어지는 경기 수를 더하게 된다. 챔피언이 아닌 나머지 참가자에 초점을 맞춰 보자. 참가자 중 탈락한 사람들은 몇 번 지면 탈락할까? 토너먼트 방식은 참가자가 몇 번을 이겼던지 상관없이 단 한 번이라도 지면 탈락이다. 그래서 챔피언 1명만 남고 나머지 31명이 탈락하려면 31경기가 필요하다.

만일 이 체스 대회에 100명이 참가했고, 마찬가지로 토너먼트 방식으로 진행했다면 챔피언이 나오기까지 모두 몇 경기가 필요할까?

이번엔 대진표를 떠올리지 않고도 '99경기'라는 답을 쉽게 찾았을 것이다. 초점을 바꾸었을 때, 더 쉽게 문제를 해결할 수도 있다.

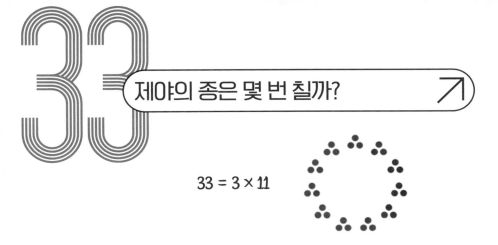

제야의 종은 몇 번 칠까?

$$33 = 3 \times 11$$

매년 12월 31일이면 보신각에서는 새해를 맞이하는 제야의 종 행사가 열린다. 조선 시대에 도성의 4대문과 4소문을 열고 닫으려 하루 두 번 보신각종을 쳤던 데에서 유래한 행사다. 조선 초기 태조 때부터 한양에는 통금 시간이 생겼는데, 밤 10시경 28번 울리는 종소리는 성문이 닫혀 통행이 금지되었음을 뜻하는 신호였다. 새벽 4시경 33번 종을 치면 성문이 열리며 통행 금지가 해제되었다.

당시 사람들은 동서남북 네 방향마다 각각 7개의 별자리가 있다고 생각했다. 그래서 총 28개의 별자리에 밤사이의 안녕을 기원하기 위해 28번의 종을 쳤다고 한다. 또한 당시 백성의 삶에 큰 영향을 끼쳤던 불교에서는 천상계가 33개의 하늘로 이루어졌다고 믿었기에 33번의 종을 쳐서 33개의 하늘에 나라의 안녕과 백성의 평안을 기원했다고 한다.

33을 제곱하면 1089가 나온다. 이 수는 아주 강력한 힘을 가지고 있다. 그 힘을 느낄 수 있게 해 줄 테니 천천히 다음의 지시를 따라 해 보자.

종이와 연필을 준비하자.

세 자릿수 아무거나 하나를 생각해서 적는다.

적은 수를 거꾸로 해서 둘째 줄에 적는다.

두 수 중 큰 수에서 작은 수를 뺀 값을 셋째 줄에 적는다.

셋째 줄의 수를 거꾸로 해서 넷째 줄에 적는다. 만일 셋째 줄의 수가 99였다면, 맨 앞에 0이 있다고 생각해서 넷째 줄에는 990을 적는다.

셋째 줄, 넷째 줄의 수를 더해 다섯째 줄에 쓴다.

만일 지시대로 잘 따라왔다면, 다섯째 줄에 적힌 수는 1089일 것이다. 맨 처음 생각한 수가 무엇이든 상관없이 항상 1089가 나오게 된다. 어떻게 해서 그런지 궁금한 사람은 다음 설명을 살펴보자.

마술 속 숨은 수학

맨 처음 생각한 수가 478이라면 어떤 계산을 하게 될까? 천천히 같이 계산해 보자.

첫째 줄의 수 : 478

둘째 줄의 수 : 478을 거꾸로 하면 874

셋째 줄의 수 : 874가 더 크니까 874 – 478을 계산해야 한다.

$$874 - 478 = 396$$

사실, 셋째 줄에 적게 되는 수는 반드시 990, 891, 792, 693, 594, 495, 396, 297, 198, 99 중의 하나가 된다.

478
874
396
693
1089

넷째 줄의 수 : 396을 거꾸로 하면 693

마지막에 적게 되는 수는 396 + 693 = 1089

    셋째 줄에 적게 되는 수 990, 891, 792, 693, 594, 495, 396, 297, 198, 99를 거꾸로 해서 원래 수와 더하면 항상 1089가 나온다.

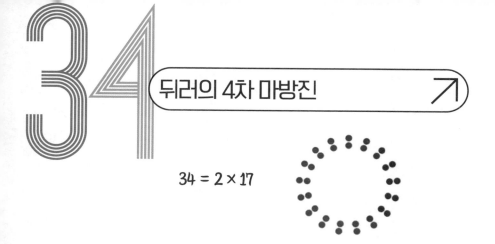

$$34 = 2 \times 17$$

다음 4×4 정사각형에 1부터 16까지 수가 적혀 있다.

1	2	3	4
5	6	7	8
9	10	11	12
13	14	15	16

　이 표에서 아무거나 마음대로 골라 동그라미를 치고 같은 행과 열의 다른 수를 모두 지워 보자. 그런 다음 사각형에서 남아 있는 수 중 하나의 수에 동그라미를 치고 그 행과 열에 남아 있는 모든 수를 지워 보자. 4개의 수에 동그라미를 칠 때까지 이 과정을 계속해 보자. 동그라미 친 수 4개를 더한 값은 항상 34이다. 왜 그럴까? 정말 34가 나오는지 확인해 보자.

처음에 9를 골라 동그라미를 치고 같은 가로, 세로줄에 있는 다른 수를 지운 후, 남은 수 중 3을 고르자. 또 같은 가로, 세로줄에 있는 다른 수를 지우고 6을 선택한 다음, 같은 가로, 세로줄에 있는 다른 수를 지우고 나면 16이 남는다. 그래서 9, 3, 6, 16의 4개에 동그라미를 치게 되는데 이를 더하면 9+3+6+16 = 34가 된다. 처음 고른 수가 9가 아니라 다른 수여도 이 과정을 통해 고른 4개 수의 합은 항상 34이다. 그 까닭이 무엇일까?

우선 처음 표의 수들 사이에 어떤 규칙이 있는지 알아보자. 가로줄의 수는 이전 가로줄의 수보다 4만큼 크고, 세로줄의 수는 이전 세로줄보다 1만큼 크다. 표의 바깥쪽에 다음과 같이 수를 써 보면 표 안에 들어가는 수들은 표 바깥쪽 가로, 세로에 쓰인 수를 더한 수라는 걸 알 수 있다.

	1	2	3	4
0	1	2	3	4
4	5	6	7	8
8	9	10	11	12
12	13	14	15	16

4개의 수를 고를 때, 일단 수 하나를 고른 다음엔 같은 가로, 세로줄에 있는 다른 수를 지우고 남은 수 중에 골랐다. 4개의 숫자들 중 어느 것도 같은 가로줄이나 세로줄이 있지 않게 고른 거다. 그래서 표 바깥쪽에 써 놓은 수들은 4개의 수를 고를 때 모두 단 한 번씩만 더해지게 된다. 따

라서 4개의 수를 더하는 것은 표 바깥쪽 수를 모두 더한 값과 같게 된다 (1+2+3+4+0+4+8+12 = 34).

가로, 세로, 대각선의 합이 모두 같은 4차 마방진의 마법 수는 바로 34이다. 17세기 프랑스 수학자 베르나르 프레니클은 4차 마방진의 개수는 모두 880가 된다는 것을 밝혀냈다.

이보다 앞서 13세기 중국 수학자 양휘가 쓴 《양휘산법》에는 4차 마방진을 만드는 기본 방법이 설명되어 있다. 1에서 16까지 4×4 행렬로 배열하고 내부의 사각형과 외부의 사각형 각각에서 모퉁이의 네 수를 대각선으로 마주보는 것끼리 바꿔 놓으면 각 행, 각 열, 그리고 대각선상의 수를 합하여 모두 34가 되는 마방진이 만들어진다. 다음 그림의 왼쪽과 같이 배열한 후 1과 16, 4와 13, 6과 11, 7과 10을 바꾸면 오른쪽과 같은 4차 마방진이 된다.

4차 마방진 중 가장 유명한 것은 뒤러의 마방진이다. 독일 최대의 미술가로 평가받는 뒤러는 르네상스 시대의 전성기에 이탈리아에서 유학하면서 수학에도 많은 관심을 가졌다. 그의 작품 중 수학적인 요소를 가득 담고 있는 것이 바로 동판화 작
품 〈멜랑콜리아 I〉이다. 이 작품의
오른쪽 윗부분에는 창문처럼 생긴
정사각형에 숫자가 적혀 있는데
가로, 세로, 대각선에 놓인 수들의
합이 34인 4차 마방진이다. 특히
네 모서리의 합(16+13+4+1 = 34)

과 정중앙에 있는 작은 정사각형에 있는 4개의 수들도 그 합이 34가 된
다(10+11+6+7 = 34). 가장 아랫줄 가운데 있는 2개의 숫자를 붙여 읽으
면 1514가 되는데, 재미있게도 이 그림이 그려진 연도이다. 당시 뒤러의
나이가 43세였는데, 이를 뒤집으면 4×4 마방진의 마법 수가 된다는 것
도 재미있다.

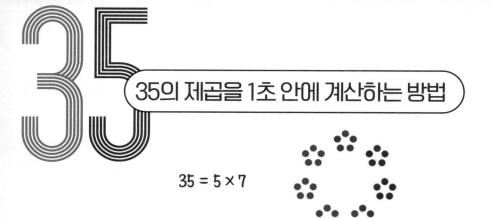

35의 제곱을 1초 안에 계산하는 방법

$$35 = 5 \times 7$$

35^2은 얼마일까? 두 자릿수 곱셈을 배웠다면 다음과 같이 세로셈으로 계산해서 1225를 얻을 수 있을 거다.

$$
\begin{array}{r}
3\ 5 \\
\times\ 3\ 5 \\
\hline
1\ 7\ 5 \\
1\ 0\ 5 \\
\hline
1\ 2\ 2\ 5
\end{array}
$$

매번 이렇게 계산할 수도 있겠지만, 일의 자리가 5로 끝나는 두 자릿수(15, 25, 35, 45, 55, 65, 75, 85, 95)의 제곱은 1초 안에 구할 수 있는 방법이 있다. 어떤 방법일까?

십의 자리 숫자를 그보다 1이 큰 수에 곱하고, 얻어진 수 뒤에 25를 더 써넣으면 된다.

$$\overset{\displaystyle\times\overset{4}{\frown}}{35^2} = 1225$$

정말 그런지 다른 수도 계산해 보자.

$$\stackrel{\times \curvearrowright^{5}}{45^2 = 2025} \qquad\qquad \stackrel{\times \curvearrowright^{10}}{95^2 = 9025}$$

빠른 계산을 가능하게 해 주는 방법이라고 신기해하기만 해서는 수학 공부에 도움이 되지 않는다. 왜 이런 방법이 성립하는지 따져 보는 깐깐함이 필요하다. 왜 그런지 따져 보자.

일의 자리가 5로 끝나는 두 자릿수는 $10a + 5$(a는 1, 2, … 9 중 어느 하나)로 쓸 수 있다. 이 수를 제곱하면 다음과 같은 수식이 된다.

$$(10a + 5)^2 = 100a^2 + 100a + 25 = 100a(a+1) + 25$$

여기서 $a(a+1)$은 십의 자리 숫자 a에 a보다 1 큰 수인 $(a+1)$을 곱하는 것이다. $a(a+1)$은 한 자릿수 또는 두 자릿수가 되므로, $a(a+1)$에 100을 곱한 값은 몇백 또는 몇천몇백이 된다. 즉, $a(a+1)$의 값이 백의 자릿수 또는 천과 백의 자릿수를 나타낸다. 그 바로 뒤에 25를 써넣는 것은 25를 더하는 것과 같다.

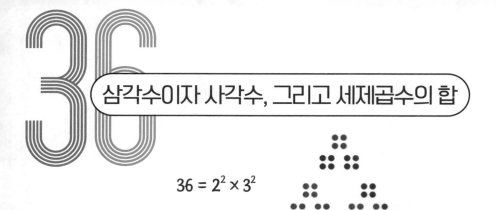

삼각수이자 사각수, 그리고 세제곱수의 합

$$36 = 2^2 \times 3^2$$

옛날 우리나라를 비롯해 동양에서 길이를 재는 데에 널리 사용된 단위 중에는 6을 기준으로 하는 경우가 많았다. 길이를 재는 단위로 '자·척(尺)'과 '보(步)'가 있는데, '내 코가 석 자', '오십 보 백 보'와 같은 속담에서 찾아볼 수 있다. 자와 척은 같은 단위로 한 자는 약 30.3cm 길이를 말한다. '보'는 거리를 나타내는 단위로 1보는 6자, 약 180cm 길이이다. 넓이를 나타내는 단위인 '평(坪)'은 6자의 제곱, 즉 1.8m × 1.8m = 약 3.3m²이다.

동양에서 숫자 36은 '많다', '모든 방향'이라는 의미로 쓰였다. 중국의 병법서《삼십육계》는 제목 그대로 36개의 다양한 전술을 모은 책이며, 일본 에도 시대 판화가 가쓰시카 호쿠사이는 후지산 풍광을 다양한 각도에서 다양한 사물과 함께 담아낸 판화 시리즈《후지산 36경》을 발표했다.

가쓰시카 호쿠사이, 《후지산 36경》 중 〈가나가와 해변의 높은 파도 아래〉.

이제 숫자 36이 가진 수학적 성질을 살펴보자. 우선 36은 6을 제곱한 제곱수이고, 제곱수는 다음과 같이 정사각형으로 나타낼 수 있다.

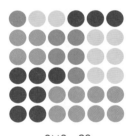

6×6 = 36

그런데 위의 정사각형 모양을 이루고 있는 점들로 다음 그림과 같이 삼각형 모양을 만들 수 있다. 이렇게 삼각형 모양으로 배열되는 수는 '삼각수'이다.

1+2+ ⋯ +7+8 = 36

1부터 n까지의 합은 삼각형 모양을 이루는 수가 된다. 그럼 1부터 n까지의 합을 쉽게 구하는 공식은 없을까? 도형으로 생각하면 쉽게 공식을 구할 수 있다. 1부터 n까지의 합을 나타내는 도형 2개를 합하면 다음 그림처럼 직사각형 모양을 만들 수 있다. 이렇게 만들어진 직사각형은 가로 $(n+1)$, 세로 n 이므로 이 직사각형을 이루는 점들의 수는 $n(n+1)$이다.

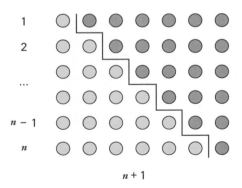

위 그림을 식으로 나타내면 $2(1+2+\cdots+n) = n(n+1)$이고 1부터 n까지의 합을 구하는 공식은 다음과 같다.

$$1 + 2 + \cdots + n = \frac{1}{2}n(n+1)$$

제곱수이면서 삼각수인 36은 처음 3개의 양의 정수의 세제곱의 합으로 나타낼 수 있다.

$$36 = 1^3 + 2^3 + 3^3$$

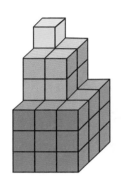

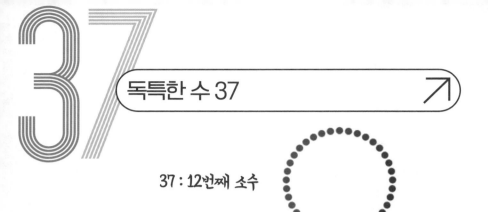

독특한 수 37

37 : 12번째 소수

1에서 9까지, 한 자리 숫자 중에서 좋아하는 숫자 하나를 골라 보라. 그 숫자에 37을 곱한 뒤, 다시 3을 곱해 보라. 아마 좋아하는 숫자 3개가 연이어 나왔을 것이다. 혹시 좋아하는 숫자로 7을 골라 앞의 계산을 했다면 777이 나왔을 것이다.

동전을 넣고 기계를 조작하여 정해진 짝을 맞추면 일정 액수의 돈이 나오는 슬롯머신은 7이라는 행운이 세 번이나 겹친 777이 나오면 가장 많은 돈을 따도록 설계된 경우가 많다. 그래서 777은 엄청난 행운, 즉 대박을 상징하며 도박장에서 흔히 볼 수 있다.

도박장 슬롯머신에 777이 뜨면 엄청난 행운이! ⓒPikisuperstar(Freepik).

그런데 왜 좋아하는 숫자가 연이어 3개나 나오게 되는 걸까? 앞에서 우리가 한 계산을 수식으로 써 보자. 좋아하는 한 자리 숫자를 a라고 하자. 우리가 한 계산은 다음과 같다.

$$a \times 37 \times 3$$

그런데 $37 \times 3 = 111$이므로

$$a \times 37 \times 3 = a \times 111$$

즉 a라는 한 자리 숫자가 연이어 3개 나오게 만드는 계산을 한 거다.

111이 37의 배수이므로 222, 333, ⋯, 999도 당연히 37의 배수이다. 그런데 37의 배수는 독특한 특징이 있다. 어떤 세 자릿수 abc가 37의 배수이면 그 수에서 각 자리의 숫자의 순서를 바꾼 bca와 cab도 37로 나누어떨어진다. 예를 들어 $629 = 17 \times 37$로 37의 배수인데, $296(= 8 \times 37)$, $962(= 26 \times 37)$도 37의 배수이다. 또한 배수들은 333만큼 차이가 난다. 의심스럽다면 다른 세 자릿수 37의 배수로도 계산해 보라.

37을 거꾸로 하면 73이 된다. 7과 3 사이에 0을 집어넣으면 703이 되는데, 이 수 역시 37의 배수다($703 = 37 \times 19$). 37을 2배한 74도 마찬가지로 방법으로 각 자리의 숫자를 바꾼 뒤 사이에 0을 집어넣으면 407이

135

되는데 이 수 역시 37의 배수가 되는지 확인해 보라.

또한 두 자릿수 37의 배수의 각 자릿수 사이에 같은 숫자를 세 번 반복해서 집어넣어도 역시 37의 배수이다. 예를 들어 32227나 75554도 37의 배수이다. 왜 그런지 증명해 보자.

$a \times 10 + b$가 37의 배수일 때, 각 자릿수 사이에 같은 숫자를 세 번 반복해 집어넣은 수를 $akkkb$라고 하자. 이 수를 10진법에 따라 전개해 보자.

$$akkkb = a \times 10000 + k \times 1110 + b$$
$$= a \times 10 \times (999 + 1) + k \times 111 \times 10 + b$$
$$= \underbrace{a \times 10 \times 999}_{\text{999가 37의 배수}} + \underbrace{k \times 111 \times 10}_{\text{1110이 37의 배수}} + \underbrace{a \times 10 + b}_{\substack{\text{37의 배수라고}\\\text{가정}}}$$

3개의 항이 모두 37의 배수이므로 $akkkb$ 역시 37의 배수이다.

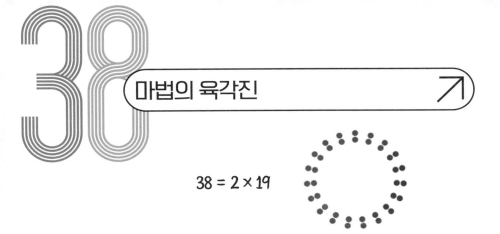

$$38 = 2 \times 19$$

앞서 1부터 연속한 자연수를 정사각형 모양으로 배치해 가로, 세로, 대각선의 합이 같게 만드는 마방진에 대한 이야기를 했다(숫자 15번 글 참조). 이번에는 배치되는 모양이 정사각형이 아니라 육각형을 이루는 '육각진'에 대해 알아보자.

1부터 19까지 자연수를 육각형 모양으로 배치한 마법의 육각진이다. 그런데 군데군데 숫자가 빠져 있다. 빈칸을 채워서 온전한 육각진을 만들고 싶은데 어떻게 해야 할까? 마방진처럼 육각진도 모든 방향에서 배열된 숫자들의 합이 같다는 점에 주의하자.

제일 먼저 육각진의 마법 숫자부터 구해 보자. 일단 육각진에 들어가는 1부터 19까지 수를 모두 더하면 얼마일까? 자연수 1부터 n까지 더한 수는 삼각수가 되며, 그 합은 $\frac{1}{2}n(n+1)$이라고 했으니(숫자 36번 글 참조) 쉽게 계산할 수 있다.

$$1 + 2 + \cdots + 18 + 19 = \frac{1}{2} \times 19 \times 20 = 190$$

육각진의 가로줄이 5개 있는데, 각 줄의 합이 모두 같아야 하니까 190을 5로 나눈 38이 각 줄의 합이 되게 하면 된다. 즉, 38이 이 육각진의 마법 수이다. 서로 접하고 있는 줄, 비스듬한 대각선에 있는 숫자들의 합도 38이어야 한다. 이 사실을 이용해서 찬찬히 빈칸을 채워 보자.

육각진을 완성했다면, 38이 가진 몇 가지 수학적 성질도 살펴보자. 우선 38은 여덟 번째 소수 19의 2배이다. 소수 2와 19를 곱해 나온 수이다 보니 약수가 1, 2, 19, 38로 4개뿐이다. 자신을 제외한 약수를 모두 더하면 자신보다 작은 수가 나온다. 이를 부족수라고 한다(1 + 2 + 19 = 22 < 38).

연속하는 소수 3개를 제곱한 합으로 표현되는 짝수가 있을까? 물론 있다. 처음 소수 3개인 2, 3, 5를 제곱해서 더한 38이 그 답이다.

$$2^2 + 3^2 + 5^2 = 38$$

38은 연속하는 세 소수의 제곱합이 짝수가 되는 유일한 수이다. 왜 그럴까?

　2를 제외한 다른 소수는 모두 홀수인데, 홀수의 제곱 역시 홀수이다. 홀수를 3개 더한 값은 절대 짝수가 될 수 없다. 처음 소수 3개에 짝수인 2가 포함되기 때문에 38이 유일하게 세 소수의 제곱합 중 짝수로 표현된다.

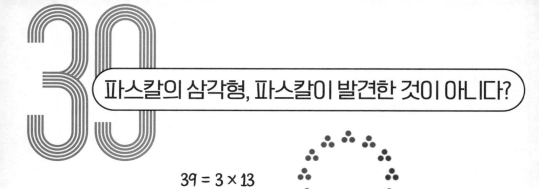

파스칼의 삼각형, 파스칼이 발견한 것이 아니다?

$$39 = 3 \times 13$$

앞의 숫자 11번 글에서 11의 거듭제곱을 잘 배열하면 '파스칼의 삼각형'이 된다고 했다. 숫자들을 배열해서 만들어지는 이 삼각형은 39세의 나이로 세상을 떠난 프랑스의 수학자, 과학자이자 철학자인 블레즈 파스칼의 이름을 딴 것이다.

파스칼의 삼각형은 자연수를 삼각형 모양으로 배열한 것을 말하는 것으로 원래 인도, 페르시아, 중국, 이탈리아에서 이미 수백 년 전에 발견된 것이다. 그래서 중국에서는 '양휘 삼각형', 이탈리아에서는 '타르탈리아의 삼각형'이라고 불리기도 한다. 하지만 파스칼이 체계적인 이론을 만들고 그 속에서 흥미로운 성질을 발견했기 때문에 '파스칼의 삼각형'이라고 부르게 되었다.

파스칼의 삼각형을 만드는 방법은 간단하다. 오른쪽 그림과 같이 각 행의 맨 처음과 끝은 항상 1이다. 그리고 그 사이의 수들은 바로 위의 행의 왼쪽과 오른쪽에 있는 두 수의 합을 적어 넣으면 된다. 그림의 빈칸에 적당한 수를 넣어 파스칼의 삼각형을 완성해 보자. (답은 346쪽 '답 맞추기'

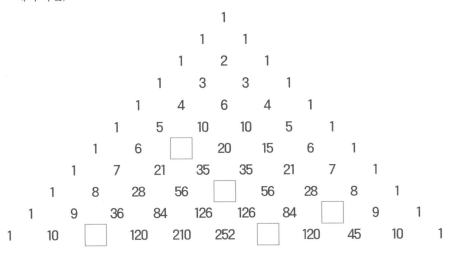

파스칼은 13세에 항이 2개인 식, 즉 이항식의 거듭제곱을 전개하면서 이 삼각형을 발견했다고 한다. 실제로 항이 2개인 식 $(a+b)$의 거듭제곱을 전개하면 다음과 같다.

$(a + b)^0 = 1$

$(a + b)^1 = a + b$

$(a + b)^2 = a^2 + 2ab + b^2$

$(a + b)^3 = a^3 + 3a^2b + 3ab^2 + b^3$

$(a + b)^4 = a^4 + 4a^3b + 6a^2b^2 + 4ab^3 + b^4$

$(a + b)^5 = a^5 + 5a^4b + 10a^3b^2 + 10a^2b^3 + 5ab^4 + b^5$

이항식의 거듭제곱을 전개했을 때 나오는 항의 계수와 파스칼의 삼각형의 수가 정확하게 일치하는 것을 볼 수 있다. 그래서 파스칼의 삼각형을 이용하면 이항식의 계수, 줄여서 이항계수를 쉽게 구할 수 있다.

파스칼 삼각형에는 재미있는 성질이 숨어 있다. 우선 각 행에 있는 수를 모두 더해 보자.

$$
\begin{array}{ccccccccc}
& & & & 1 & & & & & & 1 = 2^0 \\
& & & 1 & & 1 & & & & & 1 + 1 = 2^1 \\
& & 1 & & 2 & & 1 & & & & 1 + 2 + 1 = 2^2 \\
& 1 & & 3 & & 3 & & 1 & & & 1 + 3 + 3 + 1 = 2^3 \\
1 & & 4 & & 6 & & 4 & & 1 & & 1 + 4 + 6 + 4 + 1 = 2^4
\end{array}
$$

맨 위에 있는 수는 2^0, 두 번째 행은 2^1, 세 번째 행은 2^2, 네 번째 행은 2^3, 다섯 번째 행은 2^4가 되는 걸 알 수 있다. 그렇다면 n번째 행의 수를 모두 더한 값은 2^{n-1}이 됨을 미루어 짐작할 수 있다.

파스칼의 삼각형에는 수학적 의미를 가진 수열이 숨어 있다. 앞의 파스칼 삼각형을 찬찬히 둘러보면, 정삼각형 모양을 만들 수 있는 삼각수(1, 3, 6, 10, …), 사면체 모양으로 많아지는 점의 수인 사면체수(1, 4, 10, 20, 35, …), 앞의 두 항을 더해 다음 항이 만들어지는 피보나치 수열(1, 1, 2, 3, 5, 8, 13, …)을 찾아볼 수 있다. 어디에 숨었는지 한번 찾아보자.

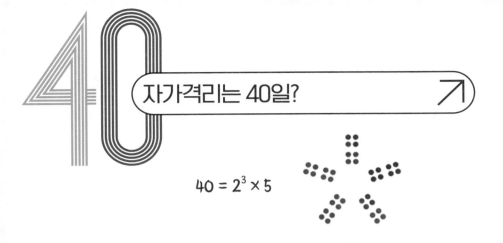

자가격리는 40일?

$$40 = 2^3 \times 5$$

전염병이나 바이러스가 퍼져 감염이 확실하거나 의심될 때, 스스로 자기 집에 머무는 것이 자가격리(自家隔離)이다. 다른 사람과의 접촉을 최소로 하여 병이 퍼지는 것을 막는 방법이다. 신종 호흡기 질환 코로나 19 바이러스가 전 세계를 공포에 몰아넣었던 때, 외국에서 우리나라로 들어오는 사람들은 1주일 정도 자가격리 기간을 가져야 했다. 내국인도 확진 판정을 받으면 최대 2주 동안 함께 사는 가족과의 접촉도 피하는 자가격리 기간을 의무적으로 가져야 했다.

자가격리를 의미하는 영어 단어 쿼런틴(quarantine)은 '40일 동안'을 뜻하는 이탈리아어 쿼란티나(quarantina)에서 나왔다. 그럼 옛날 이탈리아 에서는 자가격리를 40일이나 했다는 걸까?

14세기 중반 유럽 사람들에게 흑사병은 우리에게 코로나19만큼이나 공포의 대상이었다. 당시 의학 수준이 낮았던 유럽에서는 흑사병으로 4명 중 1명꼴로 목숨을 잃었다고 하니 걸리면 죽는 병으로 여겨졌을 것이다. 지중해 해상무역의 중심지였던 베네치아에는 수많은 무역선이 드

나들었는데, 혹시나 전염병에 감염된 사람이 있을지 모르기 때문에 항구로 들어오기 전에 배에 타고 있는 사람들을 검사했다. 이 검사를 통과하지 못하면 40일간 배를 항구 밖에 머물게 하면서 환자가 생기는지 살폈다. 다행히 환자가 생기지 않으면 안전한 것으로 판단되어 항구로 들어올 수 있었다.

당시 베네치아가 40일을 격리 기간으로 둔 것은, 과학적 이유가 아니라 기독교 문화에서 40일이 갖는 의미가 컸기 때문이라고 한다. 구약성경의 첫 부분에는 40일 동안 내린 비로 홍수가 나서 방주를 만든 노아와 그의 가족들만 살아남았다는 이야기가 실려 있다. 이스라엘의 지도자 모세는 하나님의 산에 올라가 십계명을 받기 전에 40일을 기도했고, 이스라엘 백성이 가나안 땅을 정탐했던 기간도 40일이다. 정탐 후 가나안 땅에 들어가기를 거부해서 이스라엘 백성이 광야를 떠돌아다니게 된 기간은 정탐하는 데에 걸린 날수를 햇수로 바꾼 40년이다. 신약성경에도 40이라는 숫자가 또 나온다. 예수님은 40일을 광야에서 시험당하고, 부활한 후에는 40일 동안 제자들을 이끌었다고 나온다. 성경 곳곳에서 숫자 40이 이처럼 자주 등장하다 보니 초대 교회에서는 예수님의 부활을 기념하는 부활절을 준비하는 기간으로 '사순절'을 지키게 되었다. 중세 유럽에서는 부활절 전 40일 동안 기름지고 단 음식을 금지하면서 금식과 기도로 경건하게 예수님의 고난을 묵상하도록 했다. 40일 동안이나 맛있는 음식을 먹지 못하게 된 사람들은 사순절이 시작하기 하루 전날에

푸짐하게 먹고 마시며 즐기기로 했다. 이것이 바로 사육제(謝肉祭) 또는 카니발(carnival)이라고 불리는 축제의 유래다.

숫자 40에 관한 수학적인 내용이 빠지면 섭섭하니까 간단한 방정식 문제 하나를 풀어 보자. 섭씨와 화씨가 같은 온도는 얼마일까?

화씨(℉) 온도를 섭씨(℃) 온도로 변환하는 공식은 다음과 같다.

$$℃ = (℉ - 32) \times \frac{5}{9}$$

섭씨와 화씨가 같은 온도를 x라고 하면 위의 식은 다음과 같아진다.

$$x = (x - 32) \times \frac{5}{9}$$

이 방정식을 풀면 $x = -40$이라는 답을 얻는다. 즉, $-40℉ = -40℃$이다.

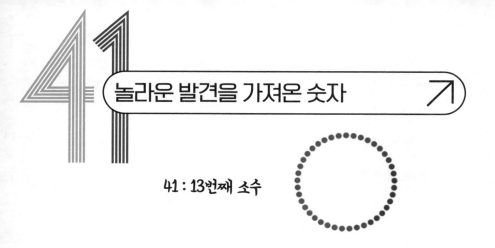

41 놀라운 발견을 가져온 숫자

41 : 13번째 소수

고대 그리스 시라쿠사의 위대한 수학자 아르키메데스가 목욕탕에서 "유레카!"를 외쳤다는 유명한 이야기가 있다. 시라쿠사 왕 히에론 2세가 낸 '왕관의 순도를 검증하는 문제'에 대한 해답을 아르키메데스가 목욕 중에 깨달아 환호성을 터뜨렸다는 이야기다. 과연 이 이야기는 사실일까?

고대 그리스인들에게 목욕탕은 단순히 몸을 깨끗하게 씻는 공간일 뿐만 아니라 사회, 문화, 정치, 심지어 과학까지 융합된 다목적 공간이었다. 도시 곳곳에 위치한 공중목욕탕은 다양한 계층의 사람들이 모여 서로 교류하고 활발한 활동을 펼치는 장소였다. 당시 목욕탕은 온탕과 냉탕, 증기 사우나, 마사지를 받는 방 등 다양한 시설을 갖추고 있었다.

아르키메데스가 히에론 2세로부터 왕관이 순금으로 만들어졌는지 확인하는 임무를 받은 때는 기원전 220년경으로 추정된다. 왕관의 무게와 부피를 재어 밀도를 구한 다음, 순금의 밀도와 비교하면 금방 알 수 있으므로 쉽게 생각해서 일을 맡았을지 모른다. 하지만 고대 그리스에서는 월계수나 올리브 등 식물의 잎을 이용한 화관이 사용되었으므로 히에론 2세가 검증을 요구한 왕관은 금으로 정교하게 식물 모양을 본떠 만든 불규칙한 모양이었을 가능성이 높다. 왕관의 그 복잡한 모양 덕분에 정확한 부피를 측정하기가 쉽지 않았을 것이고, 아르키메데스는 왕관을 손상시키지 않고 부피를 재는 방법을 찾느라 골머리를 앓았을 것이다.

여러 날 골똘히 생각해도 왕관의 부피를 재는 방법을 찾을 수 없던 아르키메데스는 기분 전환을 위해 목욕탕을 찾아 따뜻한 온탕에 들어갔을 수도 있다. 체온보다 조금 높은 38℃에서 41℃ 사이의 목욕물은 몸과 마음의 긴장을 풀어 주고 혈액순환에도 도움을 준다. 느긋한 마음 상태에서 따뜻한 물이 온몸의 혈액을 잘 돌게 하니 뇌의 혈액순환도 좋아져 바쁜 일상에서는 생각하지 못했던 창의적인 생각을 해내는 경우가 많다. 아르키메데스는 그 효과를 톡톡히 봤던 것 같다. 따뜻한 물이 가득 찬 탕에 몸을 담갔을 때 자기 몸의 부피만큼 물이 위로 올라오는 현상을 왕관의 부피를 측정하는 방법과 연결할 수 있었으니 말이다. 물체가 물속에 들어갔을 때 받는 부력의 크기가 물체가 밀어낸 물의 부피와 같다는 '아르키메데스의 원리'를 발견한 아르키메데스는 흥분에 휩싸여 외쳤을 거다. "유레카! 답을 찾았어!"

물 밖에서 양팔저울 양쪽 끝에 왕관과 무게가 같은 금덩어리를 놓아 균형을 맞춘 다음, 그대로 물을 담은 그릇에 넣어 보면 양쪽의 부피를 비교할 수 있다. 둘의 부피가 같으면 물속에서도 균형을 이루지만, 그렇지

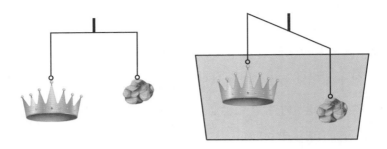

않을 경우 부피가 더 큰 쪽이 위로 떠오르게 된다. 무게는 같지만 부피가
더 큰 쪽은 밀도가 더 작다. 은이나 구리 등은 금보다 밀도가 작기 때문에
같은 무게의 금덩어리보다 그 부피가 더 크다. 따라서 은이나 구리 등을
섞어서 왕관을 만들었다면 같은 무게의 금덩어리로 만든 왕관보다 그 부
피가 더 크다. 물속에서 왕관이 위로 떠올라 저울이 기울어졌다면 왕관
이 순금으로 만들어지지 않았다는 증거다.

아르키메데스의 목욕물 온도가 41℃였을지 알 수 없지만, 실제로 목
욕이 과학적 영감을 얻는 데 도움이 될 수 있다는 것은 증명되었다. 이 정
도면 41이라는 숫자가 창의적인 사고와 수학적 문제 해결 능력을 상징
한다고 봐도 좋지 않을까.

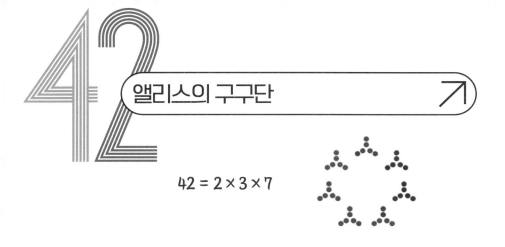

앨리스의 구구단

$$42 = 2 \times 3 \times 7$$

시계를 든 흰 토끼를 따라가다 이상한 나라에 가게 된 앨리스라는 소녀 이야기를 어디선가 한 번쯤 들어 보았을 것이다.《이상한 나라의 앨리스》라는 동화는 영화나 뮤지컬, 애니메이션으로 만들어져 많은 사람들에게 사랑받고 있다.

이 책의 작가 루이스 캐럴의 본명은 찰스 루트위지 도지슨(Charles Lutwidge Dodgson)이다. 그는 평생 옥스퍼드 대학에서 수학 강의를 하며 다양한 책을 쓴 논리학자이자 수학자였다. 말을 더듬는 버릇과 내성적인 성격 탓에 인기 있는 강사는 아니었지만, 어린 시절부터 관심이 많았던 말장난, 체스 게임, 수수께끼 등으로 아이들과 함께 시간을 보내는 것을 즐겼다고 한다.《이상한 나라의 앨리스》도 아이들과 어울려 놀면서 지어낸 이야기를 바탕으로 만들어졌다.

이 책의 원작을 보면 '42'란 숫자가 자주 등장한다. 책에 들어간 삽화 개수는 42개이며, 12장의 파이 재판에서 재판장인 왕은 법전의 규칙 제42조를 낭독한다. 두 번 나오는 걸로는 자주라고 이야기할 수 없겠지만,

도지슨은 교묘한 방법으로 숫자 42를 등장시킨다.

이상한 나라에서 케이크를 먹고 갑자기 키가 커진 앨리스는 너무나 변해 버린 자신의 모습에 놀라 자기가 다른 아이로 변한 건 아닌지 생각하며 다음과 같이 말한다.

"내가 알고 있던 걸 그대로 알고 있는지 확인해 볼까? 자, 사오는 십이, 사륙은 십삼, 사칠은…, 아, 이런! 이렇게 하다간 언제 이십까지 갈지 모르겠군!"

앨리스가 외운 것은 구구단의 4단인 듯한데, 답이 이상하다. 우리가 아는 구구단에서는 사오는 이십($4 \times 5 = 20$)이고, 사륙은 이십사($4 \times 6 = 24$)이다. 왜 말도 안 되는 구구단을 적어 놨을까?

작가가 수학자라는 사실을 기억하자. 앨리스의 구구단이 말이 안 되는 것처럼 보이는 것은 각기 다른 진법을 쓰고 있기 때문이다. 우리가 아는 구구단과 일치하게 바꾸면 다음과 같아진다.

$$4 \times 5 = 12_{(18)} = 1 \times 18 + 2 = 20 \ (20을\ 18진법으로\ 나타내면\ 12)$$
$$4 \times 6 = 13_{(21)} = 1 \times 21 + 3 = 24 \ (24를\ 21진법으로\ 나타내면\ 13)$$

4단의 곱셈을 이렇게 진법을 달리해서 나타내면 앨리스와 우리의 구구단이 일치하게 되는데, 진법이 18에서 21로 3만큼 증가하는 것을 볼 수 있다. 이런 규칙으로 나머지 4단의 곱셈을 해 보자.

$$4 \times 7 = 14_{(24)} = 1 \times 24 + 4 = 28 \ (28을\ 24진법으로\ 나타내면\ 14)$$

$$4 \times 8 = 15_{(27)} = 1 \times 27 + 5 = 32 \ (32를\ 27진법으로\ 나타내면\ 15)$$

$$4 \times 9 = 16_{(30)} = 1 \times 30 + 6 = 36 \ (36을\ 30진법으로\ 나타내면\ 16)$$

$$4 \times 10 = 17_{(33)} = 1 \times 33 + 7 = 40 \ (40을\ 33진법으로\ 나타내면\ 17)$$

$$4 \times 11 = 18_{(36)} = 1 \times 36 + 8 = 44 \ (44를\ 36진법으로\ 나타내면\ 18)$$

$$4 \times 12 = 19_{(39)} = 1 \times 39 + 9 = 48 \ (48을\ 39진법으로\ 나타내면\ 19)$$

여기까지는 진법이 3씩 늘어나는 규칙에도 맞으면서 올바른 곱셈 값을 갖는다. 그런데 다음에서 규칙이 깨지고 만다.

$$4 \times 13 = 52 \neq 20_{(42)} = 2 \times 42 + 0 = 84$$

42진법의 수 20은 52가 아니라 84이기 때문이다. 바로 이것이 '이렇게 하다간 언제 이십까지 갈지 모르겠군!'이라는 문장이 들어간 이유이다. 도지슨은 규칙이 깨지는 순간의 진법이 42가 되도록 앨리스의 구구단을 설계했다. 수학을 아는 사람만 찾을 수 있도록 42라는 숫자를 교묘하게 숨겨 놓은 거다. 그런데 왜 42이라는 숫자에 집착했을까? 수학을 뜻하는 영어 단어 math에서 m은 13번째, a는 1번째, t는 20번째, h는 8번째 알파벳이고 이 네 수를 더하면 42가 나온다. 아마도 도지슨은 자신의 이야기 속에 수학이 숨어 있다는 것을 알려 주고 싶었던 듯하다.

151

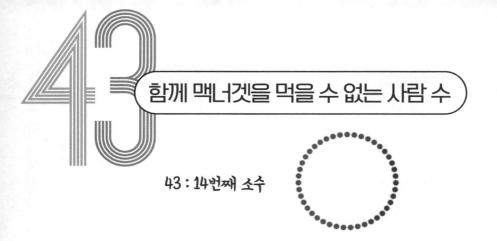

패스트푸드 체인 맥도날드에서는 '맥너겟'이라는 이름으로 치킨 너겟을 팔고 있다. 처음에는 6개, 9개, 20개들이 상자로만 팔았다고 한다 (나라별로 상자 크기가 다르다). 그러다 보니 맥너겟 15개를 주문하려면 6개와 9개들이 상자 하나씩 주문해야 했다. 10개만 필요한 경우에는 2개가 남더라도 6개들이 2박스를 사야만 한다. 이렇게 하면 필요한 수만큼 꼭 맞춰서 주문하는 게 불가능하고 남는 개수가 생기게 된다. 나누어떨어지게 주문 가능한 개수를 '맥너겟 수'라고 이름 붙이고 이 수들을 찾아보자.

주문하는 데 필요한 상자들의 개수를 (6개들이, 9개들이, 20개들이)의 순서쌍으로 간단히 표시하자. 15는 6+9이니까 6개들이, 9개들이 상

자가 하나씩 필요하고 20개들이 상자는 필요하지 않으니까 (1, 1, 0)으
로 나타내면 된다. 다음은 44부터 49까지의 수를 6, 9, 20의 합으로 나타
낸 것이다. 연습 삼아 각각의 수를 맥너겟 상자 개수를 나타내는 순서쌍
으로 써 보자.

(6개들이, 9개들이, 20개들이)

$$44 = 6 + 6 + 6 + 6 + 20 \longrightarrow (4, \quad 0, \quad 1)$$
$$45 = 9 + 9 + 9 + 9 + 9 \longrightarrow (0, \quad 5, \quad 0)$$
$$46 = 6 + 20 + 20 \longrightarrow (1, \quad 0, \quad 2)$$
$$47 = 9 + 9 + 9 + 20 \longrightarrow (0, \quad 3, \quad 1)$$
$$48 = 6 + 6 + 9 + 9 + 9 + 9 \longrightarrow (2, \quad 4, \quad 0)$$
$$49 = 9 + 20 + 20 \longrightarrow (0, \quad 1, \quad 2)$$

이제 다음 표의 빈칸을 채워서 맥너겟 수를 찾아보자. 맥너겟 수가
아닌 수는 '−'로 표시해 두었다. (답은 346쪽 '답 맞추기'에서 확인)

0	(0, 0, 0)	1	−	2	−	3	−	4	−	5	−
6	(1, 0, 0)	7	−	8	−	9	(0, 1, 0)	10	−	11	−
12		13	−	14	−	15		16	−	17	−
18		19	−	20	(0, 0, 1)	21		22	−	23	−
24		25		26		27		28	−	29	
30		31	−	32		33		34		35	
36		37	−	38		39		40	(0, 0, 2)	41	
42		43	−	44		45		46		47	
48		49		50		51		52		53	

6개들이 상자가 있으니까 맥너겟 수보다 6만큼 큰 수는 항상 맥너겟 수이다. 위의 표에서 43보다 큰 수는 모두 맥너겟 수라는 걸 알 수 있다. 즉, 43은 맥너겟 수가 아닌 수 중에서 가장 큰 수이다.

맥너겟 출시 초기 이후에 4개들이 상자도 추가되었다. 이 경우의 맥너겟 수 찾기에도 도전해 보라. 생각보다 쉽게 답을 찾을 수 있을 거다. 여러 계산을 하느라 간식이 필요할 텐데, 간식으로 맥너겟은 어떨까?

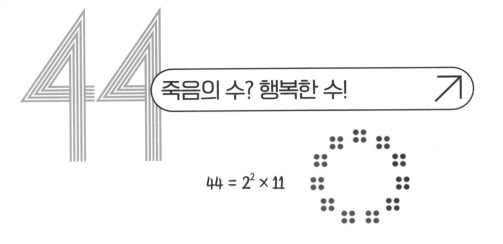

죽음의 수? 행복한 수!

$$44 = 2^2 \times 11$$

앞서 한자 문화권에서는 숫자 4의 발음이 죽음을 의미하는 한자 '죽을 사(死)'와 같기 때문에 4를 불운, 불행을 뜻하는 수라고 생각한다는 이야기를 했다(숫자 13번 글 참조). 우리나라에서도 숫자 4는 죽음의 숫자이다. 4가 겹쳐서 오는 44 역시 불길하게 여기며 피하는 숫자이다. 대표적인 예로 여의도 63빌딩에는 4층은 있지만 44층이 없고, 인천국제공항에는 44번 게이트가 아예 없다. 과연 44는 죽음을 의미하는 불길한 수일까?

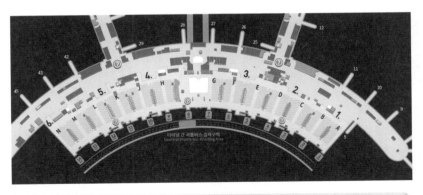

인천공항 1여객터미널 지도. 43번 게이트 다음에 45번 게이트가 있다. ⓒ인천국제공항공사.

수 자체를 연구하는 정수론(number theory)에서는 '행복한 수(happy number)'를 다음과 같이 정의한다. '각 자리의 수를 제곱한 수의 합을 반복적으로 구했을 때, 최종적으로 1에 도착하는 수.' 어떤 수가 행복한 수일까? 우선 서양에서 불운을 뜻하는 13이 행복한 수인지 알아보자. 13의 각 자릿수를 제곱하여 더하는 과정을 반복하면 다음과 같다.

$$13 \longrightarrow 1^2 + 3^2 = 1 + 9 = 10 \longrightarrow 1^2 + 0^2 = 1$$

최종적으로 1이 나왔으니까 13은 행복한 수이다. 그럼 동양에서 죽음을 뜻하는 4는 행복한 수일까? 다음과 같은 계산을 통해 4는 여덟 번의 과정을 거쳐 다시 4로 돌아온다.

$$4 \longrightarrow 4^2 = 16 \longrightarrow 1^2 + 6^2 = 37 \longrightarrow 3^2 + 7^2 = 9 + 49 = 58$$
$$\longrightarrow 5^2 + 8^2 = 25 + 64 = 89 \longrightarrow 8^2 + 9^2 = 64 + 81 = 145$$
$$\longrightarrow 1^2 + 4^2 + 5^2 = 1 + 16 + 25 = 42 \longrightarrow 4^2 + 2^2 = 16 + 4 = 20$$
$$\longrightarrow 2^2 + 0^2 = 4$$

이를 통해 4, 37, 58, 89, 145, 42, 20은 행복한 수가 아니라는 것을 알 수 있다. 마찬가지로 이런 계산을 해 보면 44가 행복한 수라는 걸 알 수 있다. 아래의 빈칸을 채우며 직접 계산해 보자. 이 과정에서 나오는 수

역시 행복한 수이다. (답은 346쪽 '답 맞추기'에서 확인)

$$44 \longrightarrow 4^2 + 4^2 = \boxed{} \longrightarrow \boxed{} \longrightarrow \boxed{}$$
$$\longrightarrow \boxed{} = 1$$

시간을 좀 들여서 한 자릿수 또는 두 자릿수의 행복한 수를 찾아보자. 빠뜨리지 않았다면 총 19개의 행복한 수를 찾을 수 있을 것이다.

1, 7, 10, 13, 19, 23, 28, 31, 32, 44, 49, 68, 70, 79, 82, 86, 91, 94, 97

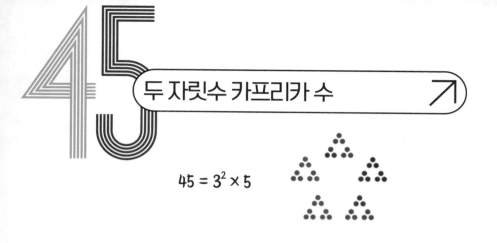

두 자릿수 카프리카 수

$$45 = 3^2 \times 5$$

45의 제곱은 2025이다. 앞의 두 자리, 뒤의 두 자리로 나눠 보면 20과 25가 된다. 이를 더하면 다시 45가 된다($45^2 = 2025$, 20+25 = 45). 45처럼 자신의 제곱수를 임의의 두 부분으로 나누어 더했을 때, 다시 원래의 수가 되는 수는 몇 개나 될까?

우선 한 자릿수로 이런 성질을 가지는 수를 찾아보면 9가 나온다. 9의 제곱은 81이고, 8과 1로 나눠 더하면 다시 9가 된다($9^2 = 81$, 8+1 = 9). 두 자릿수 중에는 45 이외에 2개가 더 있다. 혹시 숫자 계산을 좋아하는 사람이라면 직접 찾아보길 권한다. 그런데 이렇게 특이한 성질을 가진 수는 누가 발견했을까?

인도 어느 지역을 지나는 기찻길 옆에 3,025km라고 쓰인 이정표가 있었다. 그러던 어느 날 심한 폭풍우가 지나가면서 이정표가 두 조각으로 부러졌고, 이정표에 있던 숫자 3025가 정확하게 절반으로 잘려 30과 25로 나뉘어져 있었다고 한다. 부서진 이정표에 쓰인 두 숫자를 유심히 본 한 사람이 있었는데, 그가 숫자들 사이에서 재미있는 점을 발견했다.

"30과 25의 합은 55인데(30+25 = 55), 마침 55의 제곱은 3025구나 (55² = 3025)!"

이런 성질을 가지는 수를 발견자의 이름을 따서 '카프리카 수'라고 이름 붙였다. 특별히 9, 99, 999…와 같이 임의의 자연수 n에 대하여 (10^n-1) 꼴이 되는 수는 전부 카프리카 수이다. 자연수의 개수가 무한히 많기 때문에 카프리카 수도 무한히 많다.

인도는 0을 발견하고 10진법과 자릿수 개념을 확립하는 등 서양보다 한발 앞서 수학의 역사를 선도해 왔다. 인도의 고유 수학으로 '베다 수학'이 있는데, 숫자를 자유자재로 다루며 어떤 계산이든 최소한의 노력으로 간단하게 풀어내는 방법을 다뤘다. 고대 인도의 종교 문헌인《베다 경전》을 통해 성직자 및 학자 계급인 브라만 계급에게만 전해져 '베다 수학'이라는 이름이 붙었다.

이런 수학적 전통을 가졌기 때문에 인도에서 여러 뛰어난 수학자들이 나왔는데, 카프리카도 그중 한 명이다. 카프리카는 어린 나이에 어머니를 잃고 아버지의 손에 자랐는데, 그의 아버지는 점성술의 매력에 푹 빠진 사람이었다. 점성술은 전문적인 수학은 아니지만 상당한 계산 능력을 필요로 한다. 아버지의 영향으로 그 역시 숫자 계산을 좋아하게 되었을 것이다. 숫자에 대한 사랑은 식지 않고 이어져 그는 수학 퍼즐을 풀면서 행복한 학창 시절을 보냈고, 대학 때는 최고의 독창적인 수학을 고안한 학생에게 주는 상을 받았다. 대학 졸업 후에는 수학 교사로 학생들에게 숫자의 매력을 가르치며 평생을 보냈다. 그는 주로 숫자를 다루는 정수론 분야를 연구했는데, 재미있는 성질을 가진 자연수를 여러 종류로 나눠 설명하는 논문과 책을 꾸준히 출판했다. 대학원 과정을 거치지 않은 그의 연구 성과를 인도 수학계에서는 얕잡아 봤지만, 1975년 레크레이션 수학계의 유명한 인물 마틴 가드너가 카프리카와 그가 발견한 재미있는 숫자들에 대한 칼럼을 쓰면서 세계적인 명성을 갖게 되었다.

다타트레야 람찬드라 카프리카(1905~1986). 인도의 레크리에이션 수학자.
"술꾼은 그 즐거운 상태를 유지하기 위해 계속 와인을 마시고 싶어 합니다.
숫자에 관해서는 저 역시 마찬가지입니다."

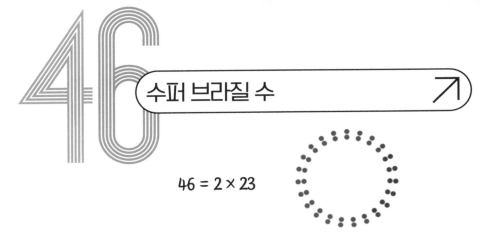

$$46 = 2 \times 23$$

　11, 111, 1111, …과 같이 1로만 이루어진 수를 레퓨닛(repunit)이라고 한다. 단위(unit) 수인 1을 여러 번 반복해서(repeat) 이런 이름을 붙인 듯하다(repeat + unit). 여러 개 늘어선 1의 개수를 일일이 세기 힘드니까 자릿수를 써서 간단하게 11은 R2, 111은 R3 등으로 표현한다. 레퓨닛이면서 소수인 레퓨닛 소수는 무한히 많이 존재하지만, 실제 소수라고 증명된 것은 R2, R19, R23, R317, R1031, R49081이다. R86453, R109297, R270343도 소수일 것으로 추정되어 증명될 날을 기다리고 있다.

　1이 반복되는 수는 특별한 이름을 가졌는데, 222 또는 333과 같이 다른 숫자가 반복되는 수도 특별한 이름이 있는지 궁금할 것이다. 그런데 222 = 111 × 2이고 333 = 111 × 3이므로 레퓨닛의 배수이다. 따로 이름을 붙이기에는 특징이 부족하다. 그래서 수학자들은 10진법이 아닌 다른 진법에서 같은 수가 반복되는 수를 찾아 '브라질 수(brazilian number)'라는 이름을 붙였다. 브라질 수의 정확한 정의는 다음과 같다.

　"자연수 n을 1보다 크고 $n-1$보다 작은 수 b를 단위로 하는 진법으로

표현했을 때, 모든 자릿수가 같은 숫자로 나타나는 경우 '브라질 수'라고
부른다."

이제 어떤 수가 브라질 수인지 예를 들어 보자.

7을 2진법으로 나타내면 $7 = 1 \times 2^2 + 1 \times 2^1 + 1 \times 2^0$이므로 $7 = 111_{(2)}$
이다.

15를 2진법으로 나타내면 $15 = 1 \times 2^3 + 1 \times 2^2 + 1 \times 2^1 + 1 \times 2^0$이다. 또
한 4진법으로 나타내면 $15 = 3 \times 4^1 + 3 \times 4^0$이므로 $15 = 1111_{(2)} = 33_{(4)}$이
다. 이렇게 2개의 진법으로 같은 숫자가 반복되는 수는 '이중 브라질 수'
라고 부른다.

앞에서 브라질 수로 예를 든 수들이 모두 홀수였다. 그럼 짝수는 브
라질 수가 될 수 없을까?

2는 브라질 수가 아니다. 2보다 작은 수 b가 없기 때문이다. 4를 2진
법으로 나타내면 $100_{(2)}$이고, 6을 2진법, 3진법, 4진법으로 나타내면 각
각 $110_{(2)}$, $20_{(3)}$, $12_{(4)}$이므로 브라질 수가 아니다.

이제 8이 브라질 수인지 알아보자. 2진법, 3진법, …, 6진법으로 나
타내면 답을 얻을 수 있지만 그보다 쉬운 방법이 있다. 8은 다음 식과 같
이 나타낼 수 있다.

$$8 = 2 \times 4 = 2 \times (4 - 1) + 2 = 2 \times 3 + 2 = 22_{(3)}$$

8보다 큰 모두 짝수는 $2k$로 나타낼 수 있고, $2k = 2 \times (k-1)+2$이므로 $22_{(k-1)}$이다. 즉, $(k-1)$진법으로 2가 반복해서 나타나는 브라질 수이다.

짝수인 46도 브라질 수임을 알 수 있는데, 46에는 특별한 점이 하나 더 있다. 46은 다음 식과 같이 나타낼 수 있다.

$$46 = 2 \times 23 = 2 \times (23 - 1) + 2 = 2 \times 22 + 2 = 22_{(22)}$$

나타난 수와 진법의 수가 22로 똑같은 보기 드문 수여서 46을 수퍼 브라질 수라고 부른다.

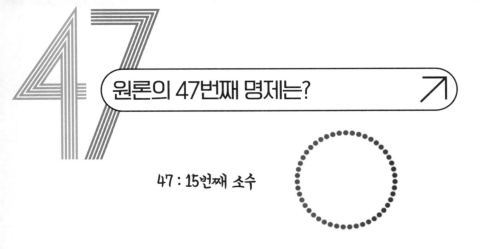

원론의 47번째 명제는?

47 : 15번째 소수

인류 최초의 수학 교과서라고 불리는 책이 있다. 바로 2,300여 년 전에 유클리드가 쓴 《기하학 원론(Elements)》이다. 간단히 《원론》이라고도 불리는 이 책은 총 13권으로 구성되어 있으며 2,000년이 넘는 시간 동안 여러 나라의 언어로 번역되어 1,000여 종 이상의 판본이 존재하고 있다. 서양의 중세 대학에서는 그 내용을 수백 년 동안 필수 과목으로 가르쳤고, 수많은 학자들이 이 책으로 기하학을 공부했다. 현재 우리가 배우는 수학 교과서에도 그 내용이 담겨 있다.

《원론》은 단순히 수학 내용만 담은 책이 아니었다. 당시의 수학 지식을 모으고 이전에 허술하게 증명된 채 내려오던 수학 정리들을 완벽하게 증명한 것만으로도 굉장한 업적이었을 텐데 유클리드는 한 걸음 더 나아갔다. 수학을 시작하는 출발점으로 정의 131개, 공리 5개, 공준 5개를 제시한 다음, 공준, 공리와 이미 증명된 정리만을 사용해서 새로운 정리를 이끌어 내는 방식으로 465개의 명제를 엄밀하게 증명해 냈다. 실용 지식에 불과했던 수학을 학문으로 만든 것이 바로 《원론》이다.

유클리드 원론의 47번째, 48번째 명제가 바로 '피타고라스의 정리'와 그 역이다. 피타고라스 정리에 대해 아주 간단하게 말하면, 직각삼각형의 세 변 사이에는 다음과 같은 관계가 있다는 거다.

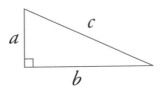

$$a^2 + b^2 = c^2$$

피타고라스 정리의 역은 '$a^2+b^2 = c^2$'을 만족시키는 (a, b, c)를 세 변으로 갖는 삼각형은 직각삼각형이 된다'는 것이다. 간단한 예는 세 수 $(3, 4, 5)$이다. $3^2 + 4^2 = 9 + 16 = 25 = 5^2$이 되어 피타고라스 정리에 나오는 식을 만족한다. 그러므로 $(3, 4, 5)$를

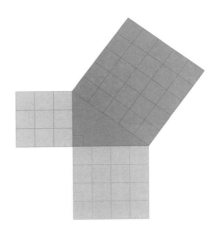

세 변으로 하는 삼각형은 직각삼각형이 된다는 것을 알 수 있다. 이렇게 직각삼각형의 세 변의 길이가 되는 세 정수를 '피타고라스 수(Pythagorean triple)'라고 한다.

직각삼각형의 두 변의 길이가 주어지면 나머지 한 변의 길이를 쉽게 구할 수 있어서 피타고라스 공식은 건축, 건설, 구조 탐색, 항해 및 측량

등에 두루 쓰인다. 건축 분야에서는 바닥과 벽이 완벽한 직각을 이루고 있는지 확인할 때 직접적으로 피타고라스 정리를 사용한다. 또한 경사진 지붕을 만들 때, 지붕의 높이와 가로 길이를 안다면 지붕 경사면의 대각선 길이를 쉽게 구할 수 있게 된다. 요즘은 네비게이션 시스템이 널리 쓰이면서 한 번도 가 본 적 없는 맛집도 쉽게 찾아갈 수 있게 되었는데, GPS로 현재 나의 위치를 정확히 파악하고 목적지인 맛집까지의 최단 경로를 계산할 때에도 피타고라스 정리가 쓰인다.

수학사에 있어서 피타고라스 정리는 매우 중요한 의미를 갖는다. 수학은 크게 모양과 형태를 다루는 기하학과 수들 사이의 관계를 다루는 대수학으로 나뉜다. 어떤 삼각형이 직각삼각형인지 아닌지는 모양과 형태에 관한 기하학의 질문이고, $3^2 + 4^2 = 5^2$과 같은 것은 대수학 문제이다. 구체적 사물을 다루는 기하학 문제와 추상적 기호로 서술하는 대수학이 피타고라스 정리로 연결되면서 이후 삼각법과 대수학의 연구가 폭발적으로 발전하게 되었다. 피타고라스 정리로부터 현대 문명과 수학이 출발했다고 봐도 지나치지 않다.

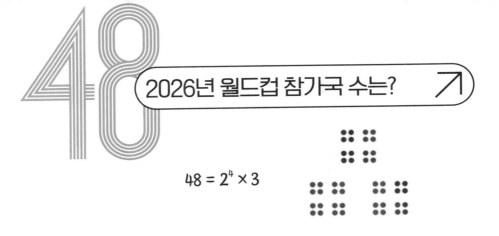

$$48 = 2^4 \times 3$$

4년마다 열리는 스포츠 축제라고 하면 월드컵과 올림픽이 떠오른다. 둘 다 전 세계인의 이목을 집중시키는 큰 행사이지만 오직 축구 한 종목 경기만 열리는 월드컵의 인기는 수십 가지 종목의 경기가 열리는 올림픽에 결코 뒤지지 않을 정도다.

1998년 프랑스 월드컵부터 2022년 카타르 월드컵까지는 대륙별 예선을 통해 32개국을 선발한 후, 8개 조로 나눠 4팀이 리그전을 치르고 각 조 1, 2위가 16강 토너먼트에 진출하는 방식이었다. 이런 방식으로 우승 팀을 가리는 경우에 32개국으로 선발된 팀이 월드컵에서 우승하기까지 총 몇 경기를 치르게 될까?

우선 4팀이 싸우는 리그전에서 몇 경기를 치러야 하는지 그림을 그려 따져 보자. 리그전의 4팀을 A, B, C, D라고 하고 점으로 표시하자. 각 팀은 다른 팀과 빠짐없이 경기를 해야 한다. 경기를 치러야 하는 팀끼리 선을 그어 보면 다음과 같다.

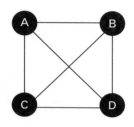

　4팀이 리그전에서 벌이는 총 경기 수는 위 그림에서 선의 개수이고, 각 팀이 벌이는 경기 수는 각 팀을 나타내는 점에서 다른 점을 잇는 선의 개수이다. 그래서 리그전에서는 총 6경기가 열리는데, 각 팀은 3경기씩을 치르게 된다.

　이제 16강 토너먼트에서 우승하려면 몇 경기를 치러야 하는지 계산해 보자. 16강 경기에서 이기면 8강, 8강에서 이기면 4강, 4강에서 이기면 결승전, 결승전에서 이기면 우승이다. 우승까지 치러야 할 경기는 16강, 8강, 4강, 결승전이니까 총 4경기이다. 그래서 32개국이 참가하는 경우에는 우승까지 치러야 하는 경기 수가 리그전 3경기, 토너먼트 4경기로 총 7경기이다.

　2002년 월드컵은 우리나라와 일본, 이렇게 두 나라가 공동 개최를 했는데 2026년에는 북아메리카와 중앙아메리카에 위치한 미국, 캐나다, 멕시코의 세 나라가 공동 개최한다. 또한 월드컵에 참가하는 나라 수도 32개국에서 48개국으로 바뀐다.

　48개국이 경기를 치르다 보니 운영 방식도 달라진다. 4개의 나라가

한 조를 이루고 12개의 조를 편성하여 토너먼트에 진출하는 32팀을 정하는데, 각 조에서 1, 2위를 한 24팀과 3위 중 상위 8팀이 32강 토너먼트에 진출하게 된다.

2022년 월드컵까지는 조별 리그에서 1, 2위를 하면 바로 16강에 진출하지만 2026년부터는 32강 토너먼트가 시작된다. 따라서 기존에는 조별 리그를 포함하여 총 7경기를 하고 우승을 할 수 있었는데, 출전국이 48개국이 되면서 우승까지 8경기가 필요해졌다. 체력과 이동 거리, 컨디션에 따라 경기 결과가 상당히 달라질 수 있는 거다. 그렇다면 경기 총 수는 어떻게 달라질까? (한 조에 4팀, 리그전 총 6경기)

32팀 참가
조별 리그 16강 토너먼트
8조 × 6경기 + (8 + 4 + 2 + 1) = 63경기

48팀 참가
조별 리그 32강 토너먼트
12조 × 6경기 + (16 + 8 + 4 + 2 + 1) = 103경기

경기 수가 많아지면 당연히 중계권 수입이 커지니까 개최국에 큰 경제적 이익이 돌아가게 된다.

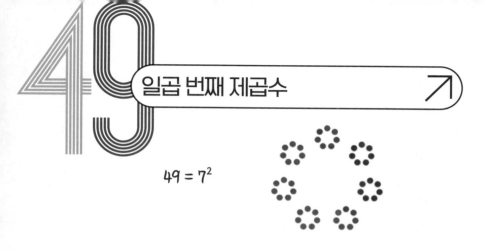

일곱 번째 제곱수

$$49 = 7^2$$

숫자 49와 관련된 영어 단어로 'forty-niner'가 있다. 글자 그대로 해석하면 '49년에 온 사람들'이란 뜻인데, 1849년 미국 캘리포니아에서 금광이 발견되었다는 소식을 듣고 금을 찾아 몰려들었던 사람들을 가리키는 말이다. 1만 4,000여 명에 불과했던 캘리포니아 인구가 1849년 말에는 약 10만 명이 될 정도로 많은 사람들이 몰려들었다. 49라는 숫자는 행운을 뜻하는 숫자 7의 7배여서 '엄청난 행운'이라는 의미를 가지기 때문에 일확천금의 행운을 바라며 몰려든 사람들을 가리키는 말로 잘 지었다는 생각이 든다.

불교에서는 사람이 죽으면 49일 동안 영혼이 머문다고 믿는다. 그래서 사망일로부터 매 일곱째 날마다 죽은 이의 영혼을 위해 불경을 읽고 부처님께 공양하는 의식을 치르는 풍습이 있다. 7일에 한 번씩 일곱 번 치르기 때문에 칠칠재(七七齋) 또는 사십구재(四十九齋)라고 부른다.

이렇게 숫자 49는 7의 7배, 즉 7을 제곱한 수이다. 자연수를 제곱해 얻어지는 제곱수는 어떤 성질을 가졌는지 살펴보자. 숫자 25에 대해 알아보면서 제곱수는 홀수의 합으로 나타낼 수 있다고 했다. 1부터 9까지를 제곱한 수를 홀수의 합으로 써 보면 다음과 같은 숫자 피라미드를 얻을 수 있다.

$$1^2 = 1$$
$$2^2 = 4 = 1 + 3$$
$$3^2 = 9 = 1 + 3 + 5$$
$$4^2 = 16 = 1 + 3 + 5 + 7$$
$$5^2 = 25 = 1 + 3 + 5 + 7 + 9$$
$$6^2 = 36 = 1 + 3 + 5 + 7 + 9 + 11$$
$$7^2 = 49 = 1 + 3 + 5 + 7 + 9 + 11 + 13$$
$$8^2 = 64 = 1 + 3 + 5 + 7 + 9 + 11 + 13 + 15$$
$$9^2 = 81 = 1 + 3 + 5 + 7 + 9 + 11 + 13 + 15 + 17$$

차례로 늘어놓은 위의 숫자 피라미드에서 이번엔 두 번째 제곱수 4에서 첫 번째 제곱수 1을 빼고, 세 번째 제곱수 9에서 두 번째 제곱수 4를 빼고… 이렇게 제곱수들의 차를 구해 써 보라. 이 수들은 어떤 공통점을 가졌는가? 제곱수들의 차로 이루어진 수열을 가지고 또다시 뒤의 수에서 바로 앞의 수를 빼서 아래에 적어 보자. 일정한 숫자 2가 나타나는 걸 볼 수 있다.

$$4 - 1 = 3$$
$$9 - 4 = 5$$
$$16 - 9 = 7$$
$$25 - 16 = 9$$
$$36 - 25 = 11$$
$$49 - 36 = 13$$
$$64 - 49 = 15$$
$$81 - 64 = 17$$

모든 제곱수는 4로 나누었을 때, 나머지가 0 아니면 1이다. 정말 그런지 1부터 9까지를 제곱한 수들에 대해 조사해 보자. 왜 제곱수를 4로 나눈 나머지는 0 아니면 1일까?

모든 자연수는 홀수 아니면 짝수이므로 적당한 정수 k에 대해 홀수는 $(2k-1)$, 짝수는 $2k$의 꼴로 쓸 수 있다. 그런데 $(2k)^2 = 4k^2$이므로 짝수의 제곱은 항상 4의 배수다. 그러므로 짝수의 제곱을 4로 나눈 나머지는 0일 수밖에 없다. 홀수의 제곱은 $(2k-1)^2 = 4k^2 - 4k + 1$이어서 4의 배수에 1을 더한 모양이다. 그러므로 홀수의 제곱은 4로 나누었을 때 나머지가 1이 된다.

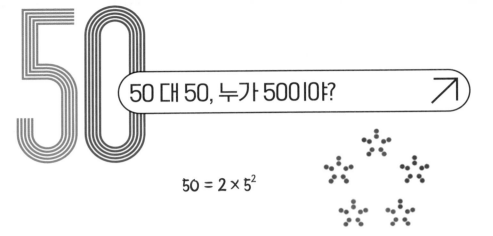

50 대 50, 누가 50이야?

$$50 = 2 \times 5^2$$

50은 100의 절반이다. 그래서 50년을 '반백 년(半百年)'이라고도 부른다. 50세는 '지천명(知天命)'이라고도 하는데 공자가 50세에 하늘의 명령을 알았다고 한 데서 나온 말이다. 부부로서 함께 지낸 50년을 기념할 때는 '금혼식(金婚式)'이라고 하고, 결혼 25주년 기념일은 '은혼식(銀婚式)'이라고 한다.

전체가 100일 때, 50이 차지하는 비율은 $\frac{1}{2}$이어서, 일반적으로 '50 대 50'이라는 말은 어떤 것을 반으로 나누었다는 뜻이거나 어떤 사건이 일어날 확률과 일어나지 않을 확률이 $\frac{1}{2}$로 같다는 뜻이다. 이렇게 반반 확률을 가진 사건으로 대표적인 것이 동전 던지기이다. 동전 앞면과 뒷면이 나올 확률이 같아서 스포츠 경기에서 공수나 경기 시작 위치를 정할 때 흔히 동전 던지기로 결정한다.

그런데 동전이 찌그러져 한쪽이 더 자주 나온다면 곤란하다. 예를 들어 앞면이 나올 확률이 $\frac{1}{3}$, 뒷면이 나올 확률이 $\frac{2}{3}$인 편향된 동전만 있다고 하자. 이 경우에 동전 던지기로 내기를 하면 앞면을 선택하는 쪽이 훨씬 손해다. 양쪽이 모두 50대 50의 확률이 되는 공정한 동전 던지기를 할 방법은 없을까?

동전 던지기에서 앞면이 나오는 경우를 H, 뒷면이 나오는 경우를 T라고 하자. 동전을 두 번 던져서 나오는 경우는 두 번 모두 앞면이 나오는 경우(HH), 두 번 모두 뒷면이 나오는 경우(TT), 앞면이 나온 뒤에 뒷면이 나오는 경우(HT), 뒷면이 나온 뒤에 앞면이 나오는 경우(TH)로 총 네 가지이다. 이 네 가지 경우에 대해 확률을 계산해 보자.

두 번 모두 앞면이 나오는 경우(HH) $= \frac{1}{3} \times \frac{1}{3} = \frac{1}{9}$

두 번 모두 뒷면이 나오는 경우(TT) $= \frac{2}{3} \times \frac{2}{3} = \frac{4}{9}$

앞면이 나온 뒤에 뒷면이 나오는 경우(HT) $= \frac{1}{3} \times \frac{2}{3} = \frac{2}{9}$

뒷면이 나온 뒤에 앞면이 나오는 경우(TH) $= \frac{2}{3} \times \frac{1}{3} = \frac{2}{9}$

앞면, 뒷면이 나온 경우와 뒷면, 앞면이 나온 경우의 확률이 정확하게 같은 것을 볼 수 있다. 이것을 이용하면 편향된 동전으로도 양쪽이 만족하는 공정한 동전 던지기를 할 수 있다. 한쪽이 앞면, 뒷면이 나오는 경우를 택하고 다른 쪽은 뒷면, 앞면이 나오는 경우를 택한 후 동전을 두 번 던지는 거다. 같은 면이 연속해서 두 번 나오면 무시하고 다시 두 번 던지면 된다. 물론 계속해서 같은 면이 나온다면 다시 동전을 던져야 해서 시간이 오래 걸릴 수 있지만, 추가적인 도구 없이 공정한 결과를 낼 수 있는 방법임은 틀림없다. 얼핏 보기에 까다로운 이 '편향된 동전으로 공정한 동전 던지기 문제'에 대해 명쾌한 답을 내놓은 사람이 바로 '컴퓨터의 아버지'라고 불리는 존 폰 노이만이다. 그는 수학, 물리학, 기상학, 경제학, 통계학, 컴퓨터 공학에 이르기까지 20세기 과학사에 있어서 아인슈타인 이상의 족적을 남겼다고 평가받는 인물이다.

다시 숫자 50에 대한 이야기로 돌아가자. 이번엔 50이 가진 수학적 성질 두 가지를 더 살펴보자. 양수 2개의 제곱의 합으로 나타낼 수 있는 방법이 두 가지인 수 중에서 가장 작은 수가 바로 50이다.

$$50 = 1^2 + 7^2$$

$$50 = 5^2 + 5^2$$

숫자 47에서 (3, 4, 5)가 피타고라스 정리를 만족시킨다고 얘기했다. 즉, $3^2 + 4^2 = 5^2$이므로 50은 다음과 같이 3, 4, 5 세 수의 제곱합으로 나타낼 수 있다.

$$50 = 3^2 + 4^2 + 5^2$$

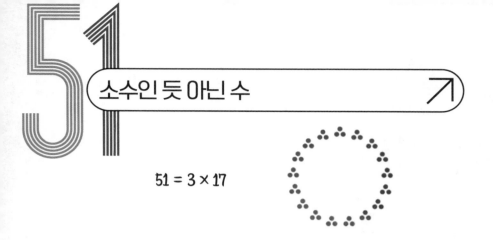

소수인 듯 아닌 수 ↗

$$51 = 3 \times 17$$

일의 자릿수가 1인 두 자릿수는 다음과 같다.

$$11, 21, 31, 41, 51, 61, 71, 81, 91$$

이 중에서 소수, 즉 1과 자신 외에 다른 수로는 나눠지지 않는 수를 찾아보자. 우선 이 수들은 일의 자릿수가 1인 홀수이니까 2로 나눠지지 않는다. 우리는 이미 구구단을 이미 잘 알고 있다. 그래서 3×7 = 21이고 9×9 = 81이라는 사실로부터 이 수들이 소수가 아니라는 걸 금방 알아챌 수 있다. 21과 81, 바로 탈락!

다음 테스트는 3으로 나눠지는지 알아보는 거다. 3의 배수는 각 자릿수를 더한 값이 다시 3의 배수가 된다는 특징이 있으니 이를 활용해 보자. 11의 자릿수를 모두 더하면 2, 31의 자릿수 합은 4, 41의 자릿수 합은 5이다. 모두 3의 배수가 아니니까 3으로 나눠지지 않는다. 이제 51을 확인해 볼 차례다. 51의 자릿수 합은 6으로 이는 3의 배수다(3×17 = 51).

일의 자릿수가 1인 두 자릿수 9개 중에서 3개를 뺀 나머지 6개가 소수였다.

51은 3의 배수이면서 17의 배수이기도 하다. 그럼 어떤 수가 17의 배수가 될까? 3의 배수 판정법처럼 자릿수로 알아보는 방법이 없을까? 어떤 수가 17의 배수인지 알아보려면 일의 자리를 떼어 낸 수에서 일의 자릿수에 5를 곱한 수를 뺀 값을 계산해 보면 된다. 이 값이 0이나 17의 배수이면 원래의 수가 17의 배수이다. 612를 예로 들어 보자. 612에서 일의 자리를 떼어 내면 61이고, 여기서 일의 자릿수 2에 5를 곱하면 10이다. 61과 10의 차를 구하면 51로 이는 17의 배수이다. 그래서 612도 17의 배수이다.

$$612 \rightarrow 61 - 2 \times 5 = 51 \rightarrow 17의 \ 배수$$

바로 위에서 얘기했듯이, 3과 17을 곱하면 51이 나온다. 그런데 17은 다음의 세 가지 방법으로도 나타낼 수 있다.

$$17 = 6 + 11 = 7 + 10 = 8 + 9$$

위의 식을 이용해서 51을 다시 써 보자.

$$51 = 3 \times 17$$
$$= 17 + 17 + 17$$
$$= (6 + 11) + (7 + 10) + (8 + 9)$$
$$= 6 + 7 + 8 + 9 + 10 + 11$$

6부터 연속한 6개의 자연수를 더하면 51이 된다는 것을 알 수 있다.

또한 51은 48과 3의 합으로 나타낼 수 있는데, 48은 3과 16의 곱이다. 이를 식으로 나타내면 다음과 같다.

$$51 = 48 + 3 = 3 \times 16 + 3 = 33_{(16)}$$

즉, 51을 16진법으로 나타내면 1의 자리, 16의 자리 모두 3으로 같은 수가 된다는 거다. 그래서 51은 '브라질 수(숫자 46번 글 참조)'이다.

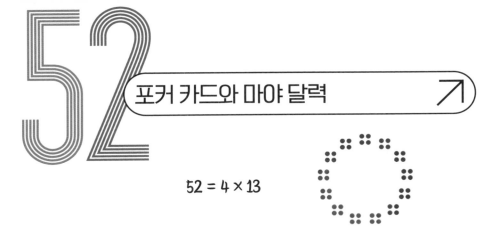

$$52 = 4 \times 13$$

친구들과 심심풀이로 하는 카드 게임에서 숫자 52를 발견할 수 있다. 마술사가 카드 마술을 할 때 사용하는 카드는 하트, 스페이드, 다이아몬드, 클럽의 네 가지 무늬를 가진 숫자 카드(1부터 10까지)와 그림 카드(J, Q, K)로 구성된다. 네 가지 무늬마다 13장의 카드가 있어서 총 52장(4×13 = 52)의 카드가 한 벌이 된다.

숫자 52는 달력에도 등장한다. 1년 365일은 52주와 하루로 이루어진다. 그래서 올해 1월 1일이 월요일이었다면, 내년 1월 1일은 화요일이 된다. 만일 올해가 윤년으로 366일이었다면 내년 1월 1일은 수요일이 된다.

$$365 = 52 \times 7 + 1$$
$$366 = 52 \times 7 + 2$$

1년을 이루는 주수인 숫자 52는 마야 문명에서 특별한 의미를 가진다. 기원전 2000년경, 고대 중앙아메리카에서 시작된 마야 문명은 매우 발달된 천문 지식을 가지고 있었다. 육안 관측만으로 태양, 달, 금성, 화성, 목성, 토성의 움직임을 정확하게 관측했고, 달의 움직임을 관찰하여 월식과 일식을 예측할 정도였다.

마야 사람들은 두 가지 종류의 달력을 사용했다. 농사를 지을 때 사용한 달력인 하아브는 태양의 움직임을 따라 만들어져서 365일로 구성된다(숫자 20번 글 참조). 마야 사람들이 20진법을 사용했기 때문에 이 달력은 20일로 된 18개의 달과 나머지 5일로 된 19번째 달로 이루어진다. 종교 의식에 사용된 '촐킨(Tzolkin)'이라는 달력은 1부터 13까지의 숫자와 그림 문자 20개를 조합하여 만든 260일로 구성된다. 우리가 10개의 천간(天干)과 12개 지지(地支)를 조합해서 60갑자를 만드는 것과 비슷한 방식이다(숫자 60번 글 참조).

365일로 구성된 하아브와 260일로 구성된 촐킨, 이 두 달력이 같이 출발해서 다시 처음으로 돌아오려면 며칠이나 걸릴까? 365와 260의 최소공배수를 구하면 그 답을 구할 수 있다.

$$5 \overline{)\ 365 \qquad 260}$$
$$ 73 \qquad\quad 52$$

$$5 \times 73 \times 52 = 18980$$

두 달력은 18,980일 만에 다시 처음으로 돌아온다. 즉 52년마다 두 달력이 함께 처음으로 돌아온다는 이야기다(18980÷365 = 52). 마야 사람들은 두 달력이 일치하기까지 걸리는 52년을 '신들의 세대'로 여겨 세상이 52년마다 끝나고 다시 시작한다고 생각했다. 그래서 52년을 주기로 피라미드를 새로 세우거나, 도시를 버리고 다른 곳으로 이주하기도 했다. 종교적인 측면에서 숫자 52는 마야 사람들에게 큰 의미를 가졌다.

태양의 움직임을 따르는 정확한 달력을 만드는 데에도 숫자 52는 큰 역할을 한다. 지구에서 태양을 볼 때, 완전히 한 바퀴를 돌아 처음 시작한 자리에 오는 데에 걸리는 시간은 365.2421897일로 365일하고 6시간 정도이다. 이 6시간 정도의 차이를 바로잡기 위해 우리가 쓰는 달력에서는 4년마다 하루가 더 있는 366일을 1년으로 잡는다. 뛰어난 천문 지식

마야의 하아브 달력. 원 주위에 19개의 달을 나타내는 그림이 그려져 있다.
©theilr(Flickr). CC BY-SA 2.0.

을 가지고 있던 마야 사람들은 52년마다 13일을 더해 차이를 바로잡았다(6시간 × 52년 = 312시간 = 13일).

매우 흥미로운 점은 오늘날 우리가 쓰는 달력에는 3,236년에 1일의 오차가 있지만, 마야 사람들의 하아브 달력에는 6,729년에 단 1일의 오차가 있다는 것이다. 4,000년 전에 마야 사람들에겐 현재 우리가 쓰는 달력보다 더 정교한 달력이 있었다는 사실이 참 놀랍다.

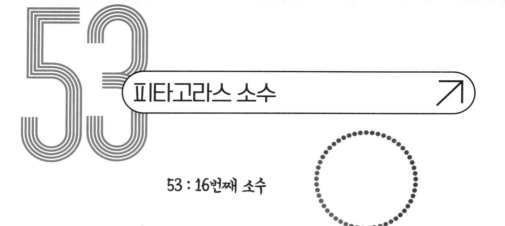

피타고라스 소수

53 : 16번째 소수

화학에 '원소'가 있다면, 수학에는 '소수'가 있다. 모든 자연수는 소수와 합성수로 나눠지는데, 합성수는 소수들의 곱으로 표현되는 수를 말한다. 즉 소수의 성질을 알면 합성수의 성질은 쉽게 알 수 있다. 그래서 수 자체를 연구하는 수학자들은 소수에 대한 연구에 매달린다.

숫자 47에서 직각삼각형의 세 변 사이의 관계를 나타내는 피타고라스 정리를 알아보았다. 직각삼각형의 세 변 a, b, c 는 $a^2 + b^2 = c^2$을 만족하고, 세 변 a, b, c에 대해 $a^2 + b^2 = c^2$을 만족하면 직각삼각형이 된다는 것이 피타고라스 정리이다.

피타고라스 정리를 만족시키는 소수는 어떤 수일까? 아마 두 자연수의 제곱을 더한 값으로 표현되는 소수를 떠올렸을 것이다. 말로만 하지 말고 식으로 써 보자.

자연수 a, b에 대해 $p = a^2 + b^2$으로 나타낼 수 있는 소수 p

이 소수 p를 '피타고라스 소수'라고 부른다. 피타고라스 정리의 수식에서 c^2의 자리에 들어가는 p이니까 모든 피타고라스 소수는 변의 길이가 모두 자연수인 직각삼각형의 빗변의 길이가 될 수 있다.

구체적으로 피타고라스 소수를 찾아보자. 자연수 1과 2부터 a와 b에 넣어 계산해 보는 거다. 부지런히 계산하면 다음과 같은 피타고라스 소수들을 찾아낼 수 있다. 각각의 피타고라스 소수가 어떤 자연수의 제곱을 더한 것인지 찾아 빈칸에 적어 보자. (답은 346쪽 '답 맞추기'에서 확인)

$$5 = \square^2 + \square^2$$
$$13 = \square^2 + \square^2$$
$$17 = \square^2 + \square^2$$
$$29 = \square^2 + \square^2$$
$$37 = \square^2 + \square^2$$
$$53 = \square^2 + \square^2$$
$$61 = \square^2 + \square^2$$
$$73 = \square^2 + \square^2$$
$$89 = \square^2 + \square^2$$
$$97 = \square^2 + \square^2$$

그럼 위의 10개 피타고라스 소수는 어떤 공통점이 있는지 살펴보자. 일단 2보다 큰 소수들이니까 홀수, 즉 $2k+1$(k는 자연수)의 모양으로 나타낼 수 있다. 조금 더 자세히 살펴보면 짝수의 제곱과 홀수의 제곱을 더한 값이라는 것을 알 수 있다. 짝수는 $2m$(m은 자연수)으로 나타낼 수 있으니까 피타고라스 소수 p는 다음과 같은 식으로 나타낼 수 있다.

$$p = (2m)^2 + (2k+1)^2 = 4m^2 + 4k^2 + 4k + 1 = 4(m^2 + k^2 + k) + 1$$

이 식으로부터 p는 4로 나눴을 때, 나머지가 1이 되는 수라는 것을 알 수 있다. 실제로 4로 나눴을 때 나머지가 1이 되는 소수는 모두 피타고라스 소수이다. 이 사실을 프랑스 수학자 알베르 지라르가 1625년에 발견했는데, 더 유명한 수학자 페르마의 이름을 따서 '페르마의 정리'라고 불린다. 그런데 실제 이 정리를 처음으로 증명한 사람은 18세기 가장 위대한 수학자 오일러이다. 정리를 발견한 사람, 최초로 증명한 사람, 증명의 이름으로 불리는 사람이 모두 다 다르다는 사실이 재미있다.

$53 = 2^2 + 7^2$이니까 53은 피타고라스 소수이고, 세 변의 길이가 모두 자연수인 직각삼각형의 빗변이 된다. 그럼 나머지 두 변의 길이는 얼마일까?

피타고라스 삼각형(즉, 세 변 a, b, c가 피타고라스 정리 $a^2 + b^2 = c^2$을 만족하는 삼각형)의 세 정수 변을 얻는 공식이 있다. 다음의 공식을 사용해서 a, b, c의 값을 찾아낼 수 있다.

$$a = m^2 - n^2 \qquad\qquad b = 2mn \qquad\qquad c = m^2 + n^2 \qquad\qquad (단, m > n)$$

빗변의 길이 $53 = 2^2 + 7^2$이니까 $m = 7$, $n = 2$이다. 그러므로 나머지 두 변 a, b의 길이는 $7^2 - 2^2 = 45$, $2 \times 7 \times 2 = 28$이다.

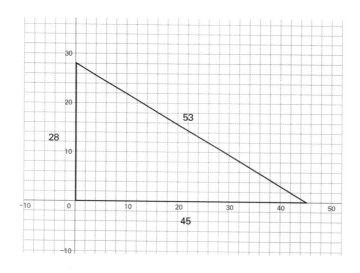

앞에서 찾은 다른 피타고라스 소수를 빗변으로 하는 직각삼각형의 다른 변들도 구해 보자.

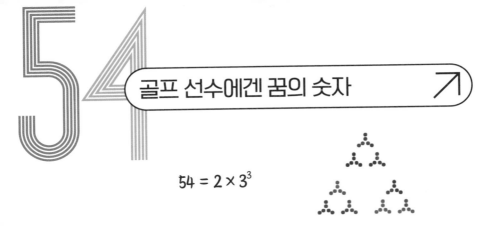

골프 선수에겐 꿈의 숫자

$$54 = 2 \times 3^3$$

골프의 세계에서 숫자 54는 단순한 숫자가 아니라 불가능에 대한 도전, 극한의 완벽성을 추구하는 열망, 그리고 꿈을 향한 끝없는 노력을 상징하는 마법 같은 숫자이다. 숫자 54가 왜 이런 의미를 가지는지 알려면 골프라는 스포츠에 대해 약간의 지식이 필요하다.

골프는 골프채로 공을 쳐서 골프 코스에 있는 구멍(홀, hole)에 공을 넣는 운동이다. 하나의 라운드에 18개의 홀이 있는 코스를 지나면서 공을 친 횟수가 가장 적은 사람이 이기게 된다. 18개 홀은 각 홀마다 몇 번 만에 공을 넣을 수 있는지 기준이 되는 타수가 정해져 있다. 이를 '파(par)'라고 한다. 보통 파3홀이 4개, 파4홀이 10개, 파5홀이 4개로 구성되어 72번 공을 쳐서 코스를 마치게 되면 규정 타수와 같다고 해서 '이븐파(even par)'라고 한다.

$$3 \times 4 + 4 \times 10 + 5 \times 4 = 12 + 40 + 20 = 72$$

규정 타수인 72타보다 적은 경우를 '언더파(under par)', 많은 경우를 '오버파(over par)'라고 한다. 72타보다 적게 칠수록 골프를 잘하는 거다. 만일 18홀 경기에서 모든 홀마다 기준보다 하나 적은 타수로 공을 넣는 일이 일어나면 총 타수는 얼마일까? 기준 타수 72에서 18을 뺀 54타가 된다. 이런 까닭에 모든 골프 선수들에게 숫자 54는 기적과 같은 숫자이다. 17언더파인 55타를 기록한 경우는 종종 있었지만, 아직까지 54타를 달성한 선수는 없다.

전통적인 프로 골프 대회인 PGA 투어는 하루에 18홀 코스를 4일 동안 치르는 4라운드 72홀 경기 방식이 일반적이다. 그런데 4일 동안 경기를 치르는 게 너무 지루하다고 느낀 골프 팬들을 위해 새로운 방식의 골프 대회가 만들어졌다. 2022년에 새로 생긴 LIV 골프는 18홀 코스를 3일 동안 치르는 3라운드 54홀 경기로 진행된다. 대회의 이름 LIV는 로마 숫자로 54를 의미한다. L은 50을 나타내고, I는 1, V는 5를 의미한다. 단, 작은 단위의 숫자가 큰 단위 숫자의 왼쪽에 있으면 더하는 게 아니라 빼 주어야 한다.

그래서 50 + 5 - 1 = 54이다. 3라운드 54홀 경기라는 것을 대회 이름으로 잘 보여 주고 있다.

숫자 54는 수학적으로도 재미난 성질을 가지고 있다. 54의 약수 8개를 모두 적어 보면 다음과 같다.

$$1, 2, 3, 6, 9, 18, 27, 54$$

늘어놓은 약수들이 그다지 특별해 보이지 않을 수도 있다. 그렇다면 조금 다르게 늘어놓아 보자.

$$1, 2, 3, 54, 6, 27, 18, 9$$

특별한 점을 발견했는가? 54의 약수에는 1부터 9까지 모든 숫자가 들어 있다!

계단 9개를 올라가는 경우의 수는?

$55 = 5 \times 11$

계단을 오르는데 한 번에 1계단이나 한 번에 2계단을 오르는 방법만으로 올라간다고 하자. 계단이 9개 있을 때, 맨 아래에서 맨 위까지 올라가는 모든 방법의 수는 얼마일까?

'그냥 운동 삼아 올라가면 되지 골치 아프게 왜 방법의 수를 세야 하는 거야?' 하는 볼멘소리가 들리는 듯하지만, 생각보다 쉽게 답을 구할 수 있는 문제이니 찬찬히 생각해 보자. 먼저 아홉 번째 계단을 밟는 최종적인 상황만 생각해 보자. 아홉 번째 계단을 밟는 방법은 여덟 번째 계단에서 1계단 올라가는 방법과 일곱 번째 계단에서 2계단을 올라가는 방법으로 두 가지가 있다. 덧셈 기호를 이용하면 다음과 같이 간단하게 쓸 수 있다.

아홉 번째 계단을 올라가는 모든 방법의 수

= (여덟 번째 계단을 올라가는 모든 방법의 수) + (일곱 번째 계단을 올라가는 모든 방법의 수)

그런데 아홉 번째 계단만 아니라, 모든 계단에 같은 규칙이 적용된다. 계단을 올라가는 모든 방법의 수는 바로 앞 계단을 올라가는 모든 방법의 수에 두 번째 앞 계단을 올라가는 모든 방법의 수를 더한 값과 같다. 위의 규칙으로 숫자를 9개를 쓰면 아홉 번째 계단을 올라가는 모든 방법의 수를 구할 수 있다.

먼저 첫 번째 계단을 올라가는 방법은 한 가지(1계단 한 번), 두 번째 계단을 올라가는 방법은 두 가지이다(1계단 두 번 또는 2계단 한 번). 세 번째 계단을 오르는 방법은 첫 번째 계단에서 2계단 한 번으로 오르거나, 두 번째 계단에서 1계단 한 번으로 오르는 두 가지이다. 즉, 세 번째 계단을 오르는 방법은 첫 번째 계단을 오르는 방법의 수에 두 번째 계단을 오르는 방법의 수를 더한 것과 같다. 앞의 두 수의 합으로 다음 수를 만드는 규칙으로 아래 빈칸을 채워 보라. 맨 마지막 아홉 번째 수가 바로 우리가 찾는 답이다. (답은 346쪽 '답 맞추기'에서 확인)

1, 2, 3, ☐, ☐, ☐, ☐, ☐, ☐

이렇게 써 보면 아홉 번째 계단까지 올라가는 모든 경우의 수는 55가지이다.

계단을 올라가는 이 수열은 중세 유럽의 수학자 피보나치가 쓴 책에 소개된 문제에서 나온 수열인데, 그의 이름을 따 '피보나치 수열'이라고 불린다. 피보나치 수열의 첫 번째 수는 1, 두 번째 수는 2이고 앞의 두 수를 더해 그다음 수가 되는 규칙을 가진다. 피보나치 수열에는 재미있는 성질이 많은데, 그 자세한 내용은 10번째 피보나치 수인 숫자 89에서 살펴보기로 하자. 여기서는 피보나치 수열이 답이 되는 문제를 더 살펴보자.

Q. 피보나치 퍼즐 1

1과 2의 두 수만을 가지고 합이 n이 되게 하는 방법은 모두 몇 가지일까?

일반적인 n에 대해 처음부터 구하려고 하면 어려우니까 1, 2, 3, 4, 5처럼 작은 수에 대해 생각하는 것으로 시작해 보자.

일단 $n = 1$이면 합이 1이 되게 하는 수는 1밖에 없으므로 한 가지 방법이다.

$n = 2$이면, 1+1, 2로 방법이 두 가지가 된다.

$n = 3$인 경우는 1+1+1, 1+2, 2+1로 세 가지이다.

$n = 4$인 경우는 1+1+1+1, 1+1+2, 1+2+1, 2+1+1, 2+2로 다섯 가지이다.

$n = 5$인 경우는 1+1+1+1+1, 1+1+1+2, 1+1+2+1, 1+2+1+1, 1+2+2, 2+1+1+1, 2+1+2, 2+2+1로 여덟 가지이다.

그런데 3 = 1+2, 5 = 3+2, 8 = 5+3이다. 모두 피보나치 수열에 나오는 수라는 것을 눈치챘는가? 합이 n이 되게 하려면 합이 $(n-1)$이 되는 경우

에 1씩을 더해 주면 되고, 합이 (n-2)가 되는 경우에 2씩을 더해 주면 된다. 즉,

합이 n이 되는 방법의 가짓수 =
합이 (n-1)이 되는 방법의 가짓수 + 합이 (n-2)가 되는 방법의 가짓수.

여기서 n = 1일 때는 가짓수가 1, n = 2일 때는 가짓수가 2이다. 그래서 피보나치 수열의 n번째 수가 답이 된다.

Q. 피보나치 퍼즐 2

오른쪽 도형과 같이 1m×2m인 직사각형 모양 장판으로 가로 10m, 세로 2m인 직사각형의 방바닥을 빈틈없이 채우도록 까는 방법은 몇 가지나 될까?

이 문제는 1과 2만의 합으로 10을 만드는 방법의 가짓수를 구하는 문제와 완전히 똑같다. 장판 모양을 그대로 두고 까는 것은 1을 더하는 것이고, 90도 회전해서 2m×1m의 형태로 까는 것은 2를 더하는 것과 같다. 그러므로 답은 피보나치 수열의 10번째 수인 89가지이다. 완전히 다른 문제 같은데, 공통된 답을 갖는 이런 문제, 재미있지 않은가?

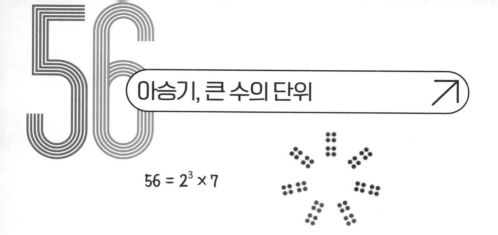

$56 = 2^3 \times 7$

10을 56번 곱한 수, 즉 10^{56}을 나타내는 단위의 이름은 '아승기'다. 인도에서 만든 단위로 불교를 통해 우리나라에 전해진 단위이다. 컴퓨터 관련 용어로 많이 사용되는 메가(mega, 10^6), 기가(giga, 10^9), 테라(tera, 10^{12}) 등도 큰 수를 나타내는 단위이다. 실제 생활에서 쓰는 수의 단위를 비롯해서 동서양에서 쓰는 다양한 큰 수의 단위를 알아보자.

초등 교과서에서 우리가 배우는 수의 기본 단위는 일(1), 십(10), 백(100), 천(1000), 만(10000)이다. 그다음부터는 만 배가 될 때마다 새로운 단위를 사용해서 억(10^8), 조(10^{12})까지 배운다. 한자 문화권에서 사용하는 큰 수의 단위로 경(10^{16}), 해(10^{20}), 자(10^{24}), 양(10^{28}), 구(10^{32}), 간(10^{36}), 정(10^{40}), 재(10^{44}), 극(10^{48})이 있다.

초등학교 4학년 수학 교과 과정에서 아이들은 큰 수를 쓰고 읽는 부분을 가장 헷갈려 한다. 특히 0이 많은 숫자를 읽을 때 더 그렇다. 우리나라와 같은 한자 문화권에서는 네 자리, 영어에서는 세 자리마다 새로운 단위를 쓰는 게 무척 혼란스럽다. 그래서 세계적으로 널리 쓰이는 단위와 우리나라의 단위를 보기 쉽게 정리했다. 큰 수를 읽을 때 유용하게 쓰길 바란다.

수(10의 거듭제곱꼴)	SI 접두어*	기호	우리나라 단위
10^1	데카(deca)	da	십
10^2	헥토(hecto)	h	백
10^3	킬로(kilo)	k	천
10^6	메가(mega)	M	백만
10^9	기가(giga)	G	십억
10^{12}	테라(tera)	T	일조
10^{15}	페타(peta)	P	천조
10^{18}	엑사(exa)	E	백경
10^{21}	제타(zetta)	Z	십해
10^{24}	요타(yotta)	Y	일자
10^{27}	론나(ronna)	R	천자
10^{30}	퀘타(quetta)	Q	백양

* 세계적으로 가장 널리 쓰이는 국제단위계에서 각 단위의 양의 크기를 쉽게 나타내기 위해 각 단위의 앞에 붙여 쓰는 접두어를 SI 접두어라고 한다.

일상생활에서는 조나 경 단위로도 충분하지만, 과학 분야에서는 다루는 수는 더 크기 때문에 위와 같은 큰 단위를 정하게 되었다. 그런데 사람들은 이보다 더 큰 단위를 생각해 냈다. 불교 경전에서 유래된 단위로서 비유적인 의미로 사용되는 단위에는 다음과 같은 것이 있다.

* 항하사 : 10^{52}를 가리키는 수의 단위. 인도 갠지스강의 모든 모래알 개수를 가리킨다.

* 아승기 : 10^{56}을 가리키는 수의 단위. 세종대왕이 지은 《월인천강지곡》에도 등장한다.

* 나유타 : 10^{60} 을 가리키는 수의 단위. 헤아릴 수 없을 만큼 많은 수라는 뜻을 가진다.

* 불가사의 : 10^{64}을 가리키는 수의 단위.

* 무량대수 : 10^{68}을 가리키는 수의 단위.

* 겁 : 10^{72}을 가리키는 수의 단위.

* 업 : 10^{76}을 가리키는 수의 단위.

    불교에서는 옷깃을 한 번 스치는 데에는 500겁, 부부의 연은 7,000겁, 부모 자식의 연은 8,000겁의 인연을 쌓아야 만들어진다는 말이 있다. 이보다 더 긴, 무한히 긴 시간을 나타낼 때는 '억겁'이라는 말을 쓴다. 겁이 억 번 반복된다는 뜻이다. 그런데 '겁'이라는 시간은 얼마나 긴 시간일까? "사방 10리에 쌓은 돌산을 선녀가 하늘에서 100년에 한 번씩 내려와 비단 치마로 스쳐 그 바위산이 다 닳아 없어지는 데까지 걸리는 시간이 1겁"이라고 설명한다. 1겁조차 감히 상상할 수 없을 만큼 긴 시간인데, 억겁이란 시간은 도대체 어느 정도를 의미하는지 짐작하기도 어렵다. 수학적으로 따져 보면 억은 10^8, 겁은 10^{72}을 나타내니까 억겁은 $10^8 \times 10^{72} = 10^{80}$이다.

    억겁 자체가 굉장히 큰 수인데, 10^{100}은 얼마나 큰 수일까? 10^{100}을 구골(googol)이라고 하는데, 어디서 많이 들어 본 이름 아닌가? 인터넷을 쓰는 사람이라면 다 아는 IT 기업 구글(google)의 회사 이름과 매우 비슷하다. 실제 수많은 정보를 모아서 제공하자는 의미에서 구골이라는 이름을 쓰려고 했는데, 이미 구골이라는 사이트가 존재해서 철자를 살짝 바꿔 현재의 이름이 되었다고 한다.

$57 = 3 \times 19$

31일이 있는 달의 마지막 날에는 동네 아이스크림 가게가 사람들로 북적거린다. 이날에는 아이스크림을 더 큰 통에 담아 주는 할인 행사를 하기 때문이다. 31일에 할인 행사를 여는 이 가게의 로고에도 31이라는 숫자가 들어 있다. 어떤 브랜드를 이야기하는지 이미 눈치챘을 것이다. '한 달 31일 내내 새로운 맛을 선사한다'는 아이스크림 전문 기업 배스킨라빈스는 숫자 31에 특별한 의미를 담았다. 이렇게 숫자를 통해 브랜드와 상품의 인지도를 높이는 마케팅 기법을 '뉴메릭마케팅(numeric marketing)'이라고 한다.

토마토에 식초와 설탕을 넣어 새콤달콤하게 만든 토마토케첩은 누구나 좋아하는 소스이다. '케첩'이라고 하면 우리나라 사람들은 '오뚜기'를 떠올리겠지만, 미국인들은 자동적으로 '하인즈'를 떠올린다고 한다. 1869년 식품 가공 회사로 시작한 이 회사는 2015년 크래프트 푸드 그룹과 합병

하여 세계적인 종합 식품 회사 크래프트 하인즈가 되었다. 하인즈가 세계 1위 케첩의 자리를 차지하는 데에는 창립자 헨리 하인즈가 1896년부터 해 온 숫자 57을 이용한 마케팅이 큰 역할을 했다.

57은 헨리 하인즈 자신이 꼽은 행운의 숫자 5와 아내가 좋아하는 행운의 숫자 7을 조합한 숫자였다. 그는 '57 버라이어티스(57 varieties, 57가지 다양한 제품)'라는 문구를 이용한 로고를 제작해 다양한 제품을 홍보했다. 실제로는 60종이 넘는 제품이 있었지만, 철저히 숫자 57을 강조해서 대중들이 57이란 숫자를 보고 '하인즈'라는 브랜드를 떠올리도록 유도했다.

1941년 메이저 리그에서는 56경기 연속 안타라는 놀라운 기록이 세워졌다. 뉴욕 양키즈의 조 디마지오가 세운 이 기록은 현재까지도 깨지지 않은 대기록이다. 하인즈사는 조 디마지오가 매 경기 새로운 기록을 세워 가는 중에 57경기 연속 안타 기록을 세우면 상금 2만 5,000달러를 지급하겠다고 하여 많은 사람들의 관심을 이끌어 냈다. 비록 56경기 연속 안타에 그치기는 했지만, 당시 양키즈 경기가 있는 날이면 "디마지오가 안타를 쳤나요?"라고 인사할 만큼 대중의 관심이 뜨거웠으니 숫자 57을 내세운 하인즈 제품의 홍보는 성공적이었다. 덕분에 지금까지 '57 버라이어티스'는 하인즈를 상징하는 문구로 사용되고 있다.

숫자 57을 활용한 하인즈의 마케팅은 최근까지도 계속되고 있다. 코로나19가 전 세계를 뒤덮고 있던 2020년 5월, 전염의 위험 때문에 집에서 지루한 시간을 보내야 하는 사람들을 위해 하인즈는 전체가 케첩 색깔로 이루어진 570조각 직소 퍼즐을 만들어 특별히 57개만 경품으로 제공했다. 이 특별한 퍼즐을 해 보고 싶다는 사람들의 반응이 얼마나 뜨거웠던지 1주일 만에 온라인 판매가 시작될 정도였다.

이제 57에 대한 수학적인 이야기도 해 보자. 57을 이루고 있는 숫자 5와 7이 소수여서 57도 소수라고 생각하기 쉽다. 하지만 57은 소수가 아니다. 십의 자릿수와 일의 자릿수를 더한 값이 12로 3의 배수이므로 57도 3의 배수이기 때문이다. 그런데 재미있게도 57의 앞에 7을 놓은 757, 57의 뒤에 7을 붙인 577은 소수이다.

57을 7진법으로 나타내면 어떤 모양일까? 어떤 수를 7진법으로 나타내려면 $7^0, 7^1, 7^2, 7^3, \cdots$과 같은 7의 거듭제곱을 이용한 합으로 표현해 보면 된다. 마침 49와 7, 그리고 1을 더한 값이 57이 되니까 7진법으로 나타낸 57은 자릿수가 모두 1인 수이다.

$$57 = 7^2 + 7^1 + 7^0 = 111_{(7)}$$

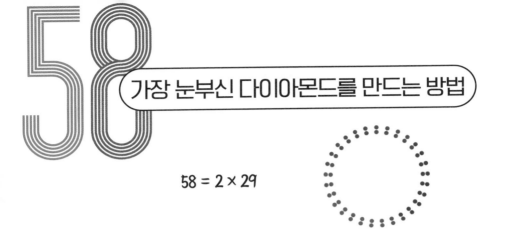

가장 눈부신 다이아몬드를 만드는 방법

$$58 = 2 \times 29$$

청혼할 때 다이아몬드 반지를 선물하기 시작한 것은 비교적 최근의 일이다. 하지만 오늘날 다이아몬드 반지는 영원한 사랑과 약속을 상징하는 의미 있는 선물이 되었다. 그런데 언제부터 다이아몬드가 영원한 사랑의 상징이 되었을까?

기록에 의하면 최초의 다이아몬드 반지는 1477년 오스트리아의 막시밀리안 황제가 부르고뉴 공녀 마리아에게 건넨 약혼 선물이었다고 한다. 18세기 후반 프랑스에서는 다이아몬드가 인기를 얻으면서 귀족과 부유층 사이에서 결혼반지로 다이아몬드를 사용하는 경우가 늘어나기 시작했다. 이후 19세기 중반에 남아프리카에서 다이아몬드 광산이 발견되면서 다이아몬드 가격이 급격히 내려가게 되었고, 보다 많은 사람들이 다이아몬드 반지를 살 수 있게 되었다. 하지만 희소성이 떨어진 다이아몬드는 상류층 사람들로부터 외면당하고 만다. 이런 상황에서 영국 회사 드비어스(DE BEERS)가 다이아몬드 광산을 마구 사들여 시장을 좌우하게 되었고, 다이아몬드 공급을 제한해서 다이아몬드가 매우 희귀한 보석이라는 인식을 대중에게 심는 데에 성공했다.

1929년 대공황을 겪으며 다이아몬드를 찾는 사람들이 줄어들자 위기를 맞은 드비어스는 혁신적인 광고로 이 문제를 해결했다. 다이아몬드의 견고함을 사랑의 영원함에 빗댄 '다이아몬드는 영원히(A Diamond is Forever)'라는 문구를 통해 사람들에게 다이아몬드 반지를 청혼의 필수품으로 인식시키는 데 성공한 것이다. 1938년 미국에서 다이아몬드 예물을 받은 신부는 전체의 10%뿐이었지만, 1990년대에는 80%에 달할 정도였다.

다이아몬드의 가격을 결정하는 항목 중 하나는 절단(cut) 방식이다. 세공업자들은 다이아몬드의 아름다움과 가치를 높이기 위해 다양한 다이아몬드 절단 방식을 연구해 왔다. 1919년 벨기에의 마르셀 톨코우스키(Marcel Tolkowsky)는 다이아몬드 절단에 관한 논문을 발표했다. 그는 어느 방향에서 빛이 들어오더라도 반사가 되어 다이아몬드가 아름답게 빛날 수 있게 만드는 절단 방식을 수학적 계산을 통해 찾아냈는데, 그 방식은 후에 다이아몬드 절단의 표준이 되었다. 그가 찾아낸 방식에는 '눈부신'이라는 뜻의 '브릴리언트 컷(brilliant cut)'이란 이름이 붙었다. 가장 인기 있는 다이아몬드 절단 방식인 라운드 브릴리언트 컷은 윗면 33면, 아랫면 25면으로 모두 합해 58개의 면을 가진다. 58을 '가장 빛나는 다이아몬드를 만드는 숫자'라고 말하는 이유다. 다음은 브릴리언트 컷을 옆에서 본 그림이다. 1988년의 시대상을 잘 보여 주는 드라마 〈응답하라

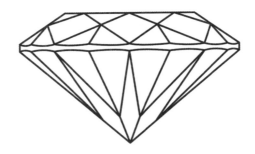

브릴리언트 컷 다이아몬드를 옆에서 본 그림. ⓒArz(wikimedia). CC BY-SA 4.0.

1988⟨2015⟩〉에 나오는 금은방 '봉황당'의 간판에도 이와 비슷한 문양이 등장한다.

58에 대한 수학적 사실 하나만 더 다루고 마무리하도록 하자. 58은 처음부터 연속하는 7개 소수의 합으로 나타낼 수 있는 가장 작은 수이다.

$$58 = 2 + 3 + 5 + 7 + 11 + 13 + 17$$

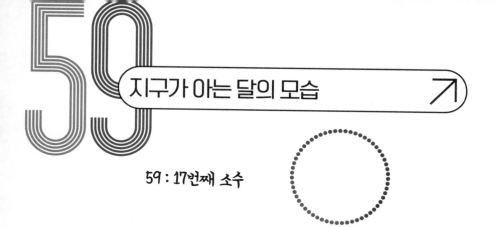

지구가 아는 달의 모습

59 : 17번째 소수

꽉 찬 보름달이 뜨는 정월대보름이나 추석엔 달맞이를 한다. 달이 잘 보이는 높은 곳에 올라가 떠오르는 달을 보며 소원을 비는 것이다. 달맞이를 하면서 달 속에 방아 찧는 토끼가 살고 있다는 이야기를 한 번쯤 들어 봤을 것이다. 농사가 잘되어 먹을 것 걱정 없이 넉넉하게 살고 싶었던 사람들이 달 표면의 밝고 어두운 부분이 만드는 모양에서 방아 찧는 토끼를 떠올린 게 아닐까? 우리가 잘 아는 동요에도 달 속에 사는 토끼가 등장한다. '푸른 하늘 은하수 하얀 쪽배에 계수나무 한 나무 토끼 한 마리.' 이렇게 한국인들이 달 속에서 토끼를 발견하는 이유가 무엇일까?

달이 지구에 보여 주는 얼굴이 늘 같기 때문이다. 초승달에서 상현달, 보름달, 하현달, 그믐달로 계속해서 모양이 바뀌고 전혀 보이지 않는 때도 있는데, 달의 얼굴이 항상 같다는 게 말이 안 된다고 생각할 수도 있다. 달은 스스로 빛을 내지 못하고 햇빛을 반사해 빛을 낸다. 달이 지구 주위를 돌면서 지구와 태양 사이에 놓이는 위치가 달라짐에 따라 달이 햇빛을 받는 부분도 변한다. 다음 그림에서 보듯이 햇빛을 받는 쪽이 지구를 향하면 보름달이 되고, 그렇지 않으면 보이지 않거나 부분만 보이게 된다.

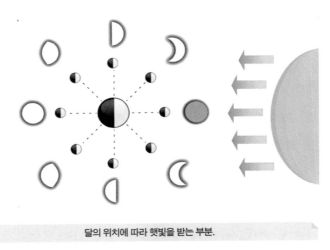

달의 위치에 따라 햇빛을 받는 부분.

달은 자전과 동시에 지구를 공전한다. 달이 지구 주위를 한 바퀴 도는 데 걸리는 시간은 27.3일이다. 그런데 스스로 한 바퀴를 도는 자전에 걸리는 시간 역시 27.3일이다. 이렇게 자전과 공전의 두 주기가 정확히 같으면 항상 같은 면만 지구를 향하게 된다. 초승달, 상현달, 보름달, 하현달, 그믐달은 모두 달의 앞면인 셈이다.

지구를 향하는 달의 얼굴이 항상 같다고 해서 달의 절반만 볼 수 있는 건 아니다. 지구를 한 바퀴 도는 달의 공전궤도는 완전한 원 모양이 아니라 약간 타원형이다. 그렇다 보니 태양과 가까워지면 공전 속도가 빨라지고, 멀어지면 느려진다. 반면에 자전 속도는 일정하기 때문에 보이는 달의 모습이 한 달을 주기로 좌우로 흔들리게 된다. 또한 달의 자전축은 달의 공전축에서 6.5도 기울어져 한 달을 주기로 위아래로 미세하게 달라진다. 거기에다 지구의 자전축이 기울어져 있어 여름철과 겨울철에 보이는 달의 모습이 1년을 주기로 위아래로 미세하게 달라진다. 그래서 실제로 항상 보이는 달의 부분은 약 41%이고, 때때로 보이는 부분이 18%이다. 이를 합한 59%가 지구에서 볼 수 있는 달의 얼굴이다.

숫자 퍼즐로 59에 대한 이야기를 마무리하자. 알파벳 I, L, X를 늘어놓는 방법은 여섯 가지이지만, 이를 사용하여 나타낼 수 있는 로마 숫자는 59를 포함해서 3개이다. 우선 59를 나타내는 방법을 찾아보고, 나머지 두 수도 찾아보라. 이 세 수의 공통점은 무엇일까?

알파벳 I, L, X를 사용해 나타낼 수 있는 로마 숫자는 XLI, LIX, LXI로 3개이다. 이 가운데 LIX가 나타내는 수는 59이다. L이 50을 나타내고, 1을 나타내는 I가 10을 나타내는 X앞에 위치해서 IX는 10에서 1을 뺀 9를 나타내기 때문이다(50+9 = 59). XLI가 나타내는 수는 41(50-10+1 = 41), LXI가 나타내는 수는 61(50+10+1 = 61)이다. 41, 59, 61은 모두 소수라는 공통점을 가진다.

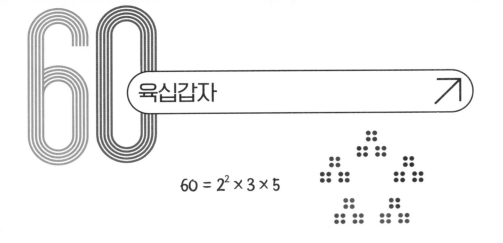

$$60 = 2^2 \times 3 \times 5$$

육십갑자

1부터 6까지의 자연수 6개로 나눠지는 가장 작은 자연수는 60이다. 즉 1, 2, 3, 4, 5, 6의 최소공배수는 60이다. 그렇다면 1, 2, 3, 4, 5로 나눠지는 가장 작은 자연수는 얼마일까? 혹시 60보다 작은 수가 답이 될 거라 생각했다면 잘못 생각했다. 2로도 나눠지고 3으로도 나눠지는 수는 6으로도 나눠지므로 이번에도 답은 역시 60이 된다.

왜 100초나 100분이 아니라 60초, 60분이 1분, 1시간이 되는 걸까? 시계 눈금 하나를 지나는 데 걸리는 시간이 초침은 5초, 분침은 5분 걸린다는 것을 쉽게 계산할 수 있는 이유는 무엇일까? 60은 약수가 12개나 되는 수여서 물건이나 시간을 세는 단위로 쓰기에 편리하기 때문이다. 분과 초만 아니라 더 긴 시간을 셀 때도 숫자 60이 쓰인다.

새해 인사를 전하는 연하장에는 그 해의 동물을 그려 넣는 경우가 많다. 2023년은 계묘년 검은 토끼의 해라고 귀여운 토끼가 주인공이고, 2024년은 갑진년 푸른 용, 즉 청룡의 해라면서 각양각색의 푸른 용이 등장한다. 그런데 왜 검은 토끼와 푸른 용일까? 해마다 이름이 다른 이유는 무엇일까? 또 연하장의 주인공이 되는 동물과 색깔은 어떻게 정하는 걸까?

우선 계묘, 갑진과 같은 해를 나타내는 이름은 10개의 천간(天干)과 12개의 지지(地支)를 순서대로 조합한 육십갑자(六十甲子)에서 나왔다. 10개의 천간은 십간(十干)이라고도 하는데, '갑을 병정 무기 경신 임계(甲乙丙丁戊己庚辛壬癸)'로서 갑을은 파랑, 병정은 빨강, 무기는 노랑, 경신은 하양, 임계는 검정, 이렇게 다섯 가지 색을 나타낸다.

십간 十干	갑 (甲)	을 (乙)	병 (丙)	정 (丁)	무 (戊)	기 (己)	경 (庚)	신 (辛)	임 (壬)	계 (癸)
색상	청		적		황		백		흑	

12개의 지지는 십이지(十二支)라고 하며 '자축인묘 진사오미 신유술해(子丑寅卯 辰巳午未 申酉戌亥)', 순서대로 '쥐, 소, 호랑이, 토끼, 용, 뱀, 말, 양, 원숭이, 닭, 개, 돼지'의 동물을 뜻한다. 그 해에 태어난 사람의 띠를 나타내기도 한다.

십이지 (十二支)	자 (子)	축 (丑)	인 (寅)	묘 (卯)	진 (辰)	사 (巳)	오 (午)	미 (未)	신 (申)	유 (酉)	술 (戌)	해 (亥)
	쥐	소	호랑이	토끼	용	뱀	말	양	원숭이	닭	개	돼지

육십갑자를 셀 때는 앞에는 천간, 뒤에는 지지가 오게 읽는다. 그래

서 천간의 첫째 '갑'과 지지의 첫째 '자'를 합친 '갑자'가 육십갑자의 맨 처음에 온다. 다음으로는 각각의 두 번째인 '을'과 '축'을 합친 '을축'이 온다. 이런 식으로 조합하다 보면 60개에 이르러 천간과 지지가 함께 끝난다. 10과 12의 최소공배수가 60이기 때문이다.

$$2 \overline{)\ 10 \qquad 12}$$
$$5 \qquad\ \ 6$$

최소공배수 = 2×5×6 = 60

1 갑자 (甲子)	2 을축 (乙丑)	3 병인 (丙寅)	4 정묘 (丁卯)	5 무진 (戊辰)	6 기사 (己巳)	7 경오 (庚午)	8 신미 (辛未)	9 임신 (壬申)	10 계유 (癸酉)
11 갑술 (甲戌)	12 을해 (乙亥)	13 병자 (丙子)	14 정축 (丁丑)	15 무인 (戊寅)	16 기묘 (己卯)	17 경진 (庚辰)	18 신사 (辛巳)	19 임오 (壬午)	20 계미 (癸未)
21 갑신 (甲申)	22 을유 (乙酉)	23 병술 (丙戌)	24 정해 (丁亥)	25 무자 (戊子)	26 기축 (己丑)	27 경인 (庚寅)	28 신묘 (辛卯)	29 임진 (壬辰)	30 계사 (癸巳)
31 갑오 (甲午)	32 을미 (乙未)	33 병신 (丙申)	34 정유 (丁酉)	35 무술 (戊戌)	36 기해 (己亥)	37 경자 (庚子)	38 신축 (辛丑)	39 임인 (壬寅)	40 계묘 (癸卯)
41 갑진 (甲辰)	42 을사 (乙巳)	43 병오 (丙午)	44 정미 (丁未)	45 무신 (戊申)	46 기유 (己酉)	47 경술 (庚戌)	48 신해 (辛亥)	49 임자 (壬子)	50 계축 (癸丑)
51 갑인 (甲寅)	52 을묘 (乙卯)	53 병진 (丙辰)	54 정사 (丁巳)	55 무오 (戊午)	56 기미 (己未)	57 경신 (庚申)	58 신유 (辛酉)	59 임술 (壬戌)	60 계해 (癸亥)

육십갑자표.

우리나라는 십간에 해당하는 색과 십이지에 해당하는 동물로 특정한 해를 부르는 방식을 쓰고 있다. 2024년이 육십갑자표의 41번째 해인 갑진년이고, '갑'은 '파랑', '진'은 '용'을 나타내니까 '푸른 용의 해'가 되는 것이다.

그런데 언제부터 이렇게 육십갑자로 해의 이름을 정했을까? 조선 세종 때 당시 우리나라 실정에 맞는 역법서인 《칠정산》을 편찬했는데, 이 책이 편찬된 1444년을 처음 시작하는 해, 즉 갑자년으로 정했다. 이후 계유정난, 임진왜란, 병자호란 등 조선 시대의 여러 역사적 사건을 기록할 때 육십갑자를 이용했다.

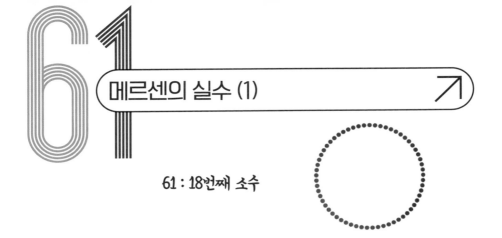

메르센의 실수 (1)

61 : 18번째 소수

　　1보다 큰 자연수 중 1과 자기 자신만을 약수로 가지는 수가 '소수'이다. 1보다 큰 모든 자연수는 소수 또는 소수의 곱으로 표현될 수 있으므로 소수는 자연수 전체를 만드는 기본 재료라고 할 수 있다. 매우 간단한 문장으로 소수를 정의할 수 있지만, 아직 알려지지 않는 소수의 성질이 더 많다. 많은 수학자들이 소수에 관심을 갖고 연구했는데, 프랑스의 성직자이자 수학자, 물리학자인 마랭 메르센도 그중 한 사람이었다. 메르센은 모든 소수를 나타낼 수 있는 수학 공식을 찾으려고 애썼지만, 찾지 못하고 일정한 꼴을 가진 소수를 깊게 연구하는 쪽을 택했다.

　　메르센은 2의 거듭제곱에서 1이 모자라는 수(식으로 나타내면 $M_n = 2^n - 1$)를 연구했는데, 이런 꼴의 수를 그의 이름을 따 '메르센 수'라고 부른다. 메르센 수 몇 개를 예로 들면 다음과 같다.

$$M_2 = 2^2 - 1 = 3 \qquad M_3 = 2^3 - 1 = 7 \qquad M_4 = 2^4 - 1 = 15$$

$$M_5 = 2^5 - 1 = 31 \qquad M_6 = 2^6 - 1 = 63 \qquad M_7 = 2^7 - 1 = 127$$

그런데 왜 메르센은 유독 이런 꼴의 수를 연구했을까? 만일 메르센 수 M_n이 소수라면, 이 수에 2^{n-1}을 곱한 수는 진약수(자기 자신이 아닌 약수)의 합이 자기 자신과 같다. 즉, 완전수라는 얘기다. 메르센 수 중 소수인 것을 찾으면 완전수를 얻을 수 있기 때문이었다.

위의 메르센 수 가운데 $M_2 = 3$, $M_3 = 7$, $M_5 = 31$, $M_7 = 127$은 소수이다. 이 수들에 2의 거듭제곱을 곱하면 정말 완전수가 되는지 확인해 보자.

$2^{2-1} \times M_2 = 2 \times 3 = 6 \longrightarrow$ 6의 진약수의 합 : $1 + 2 + 3 = 6$

$2^{3-1} \times M_3 = 4 \times 7 = 28 \longrightarrow$ 28의 진약수의 합 : $1 + 2 + 4 + 7 + 14 = 28$

$2^{5-1} \times M_5 = 16 \times 31 = 496 \longrightarrow$ 496의 진약수의 합 :

$1 + 2 + 4 + 8 + 16 + 31 + 62 + 124 + 248 = 496$

메르센 수 중 소수인 수들을 '메르센 소수'라고 부른다. 위에서 예로 든 M_2에서 M_7까지 6개의 수를 잘 살펴보면 2를 거듭제곱한 수가 소수(2, 3, 5, 7)이면 그에 따른 메르센 수 M_2, M_3, M_5, M_7도 소수라는 것을 알 수 있다. 그러면 자연스럽게 거듭제곱한 수가 소수인 다음의 메르센 수도 소수일 거라 예상하게 된다.

$M_{11} = 2^{11} - 1 = 2047$ 　　　　 $M_{13} = 2^{13} - 1 = 8191$

$M_{17} = 2^{17} - 1 = 131071$ 　　　　 $M_{19} = 2^{19} - 1 = 524287$

그런데 11은 소수이지만 이에 해당하는 메르센 수 M_{11} = 2047 = 23 ×89이어서 소수가 아니다. 메르센은 2^n-1 모양의 수는 n이 257 이하일 때, n이 2, 3, 5, 7, 13, 17, 19, 31, 67, 127, 257일 때만 소수라고 주장했다. n이 커지면 메르센 수 M_n은 말 그대로 기하급수적으로 커지기 때문에 M_n이 소수인지 알아보려면 직접 나눠 보는 수밖에 없어 메르센의 주장을 검증하는 데에는 오랜 시간이 걸렸다.

메르센이 만든 메르센 소수 목록에는 빠진 수들이 있었다. 메르센이 세상을 떠난 후 235년이 지난 1883년, 그가 놓친 메르센 소수 하나가 발견되었다. 러시아의 성직자이자 수학자인 이반 미케비치 페르부신(Ivan Mikheevich Pervushin)은 메르센이 소수가 아니라고 예상했던 $M_{61} = 2^{61}-1$ = 2305843009213693951이 소수임을 밝혀냈다. 또한 미국의 아마추어 수학자 랄프 어니스트 파워스(R. E. Powers)는 1911년, 1914년에 각각 메르센 소수 M_{89}, M_{107}을 발견해서 메르센 소수 목록을 채워 넣었다. 메르센이 메르센 소수 목록을 만들면서 한 실수는 M_{61}, M_{89}, M_{107}을 놓쳐 버린 것뿐 아니라 다른 것도 있다. 그 이야기는 숫자 67에서 이어 가겠다.

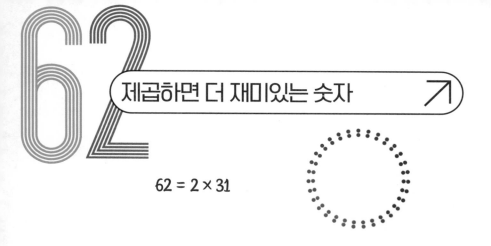

$$62 = 2 \times 31$$

이번에는 62에 관한 계산 문제 몇 개를 만나 보자.

Q. 소인수분해했을 때, 처음 자연수 3개, 즉 1, 2, 3이 들어가는 수가 딱 2개 있다. 26은 2와 13의 곱이니까 그 답이다. 그럼 다른 하나는 어떤 수일까?

바로 26를 거꾸로 쓴 62는 2와 31의 곱이다.

Q. 연속하는 4개의 자연수를 더해 62를 만들어 보자.

물론 문제를 보자마자 금방 답이 떠오르는 사람도 있겠지만, 62가 31의 2배라는 것을 이용하면 비교적 쉽게 답을 찾을 수 있다. 더해서 31이 되는 연속하는 두 자연수를 찾은 다음, 둘 중 작은 수보다 1 작은 수와 큰 수보다 1큰 수를 구하면 답이 된다. 그럼 더해서 31이 되는 두 자연수는 어떻게 구할까? 30을 2로 나누면 15이니까 15와 16을 더하면 31이 된다는 것을 알 수 있다.

$$62 = 14 + 15 + 16 + 17$$

Q. 62는 제곱수 3개의 합으로 나타내어지는 방법이 두 가지 이상인 수 중 가장 작은 수이다. 다음 빈칸을 채워 자연수의 제곱수 3개의 합으로 62를 나타내는 방법 두 가지를 찾아보자. (답은 346쪽 '답 맞추기'에서 확인)

$$62 \ = \ \boxed{} + 5^2 + \boxed{} = \boxed{} + 3^2 + \boxed{}$$

62와 5, 38과 69. 이렇게 두 쌍의 수는 제곱을 통해 이어진다. 62와 5를 제곱해서 더하면 3869가 나오고, 이 수를 모양대로 나눈 38과 69를 제곱해서 더하면 6205가 된다.

$$62^2 + 05^2 = 3869$$
$$38^2 + 69^2 = 6205$$

62를 제곱하면 3844로, 마지막 두 자리가 44가 된다. 이렇게 제곱했을 때, 마지막 두 자리가 44가 되는 다른 수는 없을까? 두 자릿수 중에서 제곱했을 때 마지막 두 자릿수가 44가 되는 수를 모두 찾아보자.

두 자릿수를 식으로 나타내서 $10a + b$(단, a, b는 1부터 9까지의 자연수 중 하나)라 하자. 이 식을 제곱하면 다음과 같다.

$$(10a + b)^2 = 100a^2 + 20ab + b^2 \quad \cdots\cdots \text{①}$$

식 ①에서 $100a^2$은 100 이상의 수가 되고 $20ab$는 10 이상의 수가 되므로 일의 자릿수와 관련 있는 것은 b^2이다. 마지막 두 자릿수가 44라고 했으니까 b^2의 일의 자릿수는 4이어야 한다. 제곱했을 때 일의 자릿수가 4가 나오는 수는 2와 8이다($2^2 = 4$, $8^2 = 64$).

$b = 2$일 때, 식 ①은 $(10a + 2)^2 = 100a^2 + 40a + 4$가 된다. 이때 $40a$의 십의 자릿수가 4가 되는 경우는 $a = 1$ 또는 $a = 6$이다. 두 자릿수 식인 $10a + b$에 각 값을 대입하면 12와 62가 나온다. 제곱했을 때 마지막 두 자리가 44가 되는 수로 12와 62를 찾은 거다.

이제 $b = 8$인 경우를 생각해 보자. 식 ①에 $b = 8$을 대입해서 정리하면 다음과 같다.

$$(10a + 8)^2 = 100a^2 + 160a + 64$$
$$= 100a^2 + (16a + 6) \times 10 + 4$$

여기서 십의 자릿수를 결정하는 것은 $(16a + 6) \times 10$인데, a의 자리에 1부터 9까지의 수를 넣어 계산해서 십의 자릿수가 4가 되는 경우를 찾아보자. $a = 3$일 때, $(16a + 6) \times 10 = (48 + 6) \times 10 = 540$이다. 또한 $a = 8$일 때, $(16a + 6) \times 10 = (128 + 6) \times 10 = 1340$이다. 그래서 십의 자

릿수가 4가 되는 경우는 $a = 3$, $a = 8$이다. 두 자릿수 식인 $10a + b$에 각 값을 대입하면 38과 88이 나온다.

이렇게 찾은 답이 맞는지 제곱한 값의 마지막 두 자리를 확인해 보라.

$$12^2 = 144$$
$$62^2 = 3844$$
$$38^2 = 1444$$
$$88^2 = 7744$$

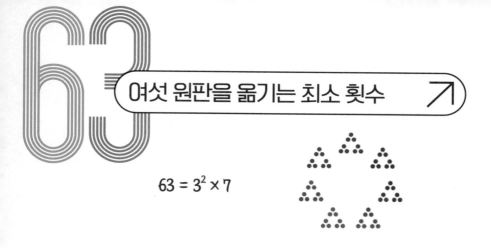

63

여섯 원판을 옮기는 최소 횟수

$63 = 3^2 \times 7$

숫자 63은 9를 7배한 수($9 \times 7 = 63$)로 구구단의 9단에서 등장한다. 63은 2, 4, 8, 20진법으로 나타냈을 때, 각 자리의 숫자가 모두 같은 브라질 수이기도 하다.

$$63 = 3 \times 20^1 + 3 \times 20^0 = 33_{(20)}$$
$$= 7 \times 8^1 + 7 \times 8^0 = 77_{(8)}$$
$$= 3 \times 4^2 + 3 \times 4^1 + 3 \times 4^0 = 333_{(4)}$$
$$= 1 \times 2^5 + 1 \times 2^4 + 1 \times 2^3 + 1 \times 2^2 + 1 \times 2^1 + 1 \times 2^0 = 111111_{(2)}$$

63은 '하노이탑'이라 불리는 문제를 풀이하는 과정에서 나오는 수이기도 하다. 이 문제를 낸 사람은 피보나치 수열 연구로 유명한 프랑스 수학자 에두아르 뤼카(Edouard Lucas)로, 고등학교 수학 교사였다. 학생들에게 좀 더 재미있게 수학을 가르치기 위해서 그랬는지 퍼즐이나 게임으로 수학적 사고를 돕는 레크레이션 수학에 많은 관심을 가지고 있었다.

1883년, 그는 "고대 인도 베나레스에 있는 한 사원의 이야기"라는 제목으로 재미있는 문제를 만들어 발표했다.

Q. 하노이탑 문제

이 사원에는 다이아몬드 막대 3개가 있다. 그중 한 막대에는 천지창조 때에 신이 64장의 순금으로 된 원판에 구멍을 뚫어 크기가 큰 것부터 아래에 놓이도록 하면서 차례로 쌓아 놓았다. 그리고 신은 승려들에게 밤낮으로 쉬지 않고 다음 **규칙**을 따라 원판을 다른 다이아몬드 막대로 모두 옮겨 놓도록 명령했다.

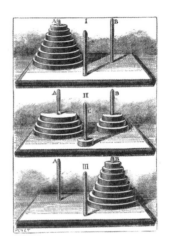

• **규칙** : 원판은 한 번에 한 개씩만 옮길 수 있으며, 작은 원판 위에 큰 원판이 놓일 수 없다.

64개의 원판이 본래의 자리를 떠나 다른 한 막대로 모두 옮겨졌을 때 탑과 사원, 승려들은 모두 먼지가 되어 사라지면서 세상의 종말이 온다는 예언을 남기고 신은 자리를 떠났다. 세상의 종말은 언제 찾아올까? 즉, 64개의 원판을 모두 옮기려면 어느 정도의 시간이 필요할까?

64장의 원판을 옮기는 문제를 바로 생각하려면 힘드니까, 원판 개수를 줄여 생각해 보자. 우선 원판의 개수가 1이라면 바로 오른쪽 막대로 옮기면 되니까 옮기는 횟수는 한 번이다. 두 장의 원판을 옮기려면 작은 원판을 가운데 막대로 옮기고(1회), 큰 원판을 왼쪽 막대로 옮긴 다음(2회), 작은 원판을 큰 원판 위에 올려놓으면 된다(3회). 이런 식으로 원판 개수에 따라 옮기는 횟수를 따져서 다음 표의 빈칸을 채워 보자. (답은 346쪽 '답 맞추기'에서 확인)

원판의 개수	1	2	3	4	5	6
최소 이동 횟수	1	3				

원판 개수가 n개이면, 원판을 모두 옮기는 데에 적어도 2^n-1번의 이동이 필요하다는 규칙을 발견했을 것이다(2^n-1로 나타내어지는 수를 메르센 수라고 부른다). 그렇다면 64장의 원판을 옮기는 최소 이동 횟수는 $2^{64}-1$이다. 문제에서는 64개 원판을 모두 옮기는 데에 걸리는 시간이 얼마인지 묻고 있으니 그 답도 찾아보자. 1초에 한 번 원판을 옮길 수 있고 1년을 365일이라고 해서 계산하면 다음과 같다.

$$(2^{64}-1) \div (365 \times 24 \times 60 \times 60) \fallingdotseq 584942417355(년)$$

대략 5,849억 년이나 되는 긴 시간이니 세상의 종말이 올 만도 하다!

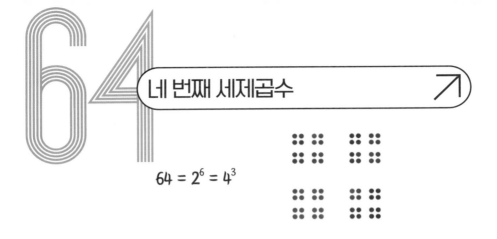

$$64 = 2^6 = 4^3$$

2를 여섯 번 곱한 수 64는 유교 문화에서 중요한 자리를 차지한다. 유교 경전 중 하나인 《역경(易經)》은 '주역(周易)'이라고도 불리는데, 중국 주나라 시대의 점치는 법을 모은 책이다. 단순히 점을 치는 법이 아니라 우주만물과 인간 세계의 질서 및 원리를 담고 있다. 공자가 살던 시대의 책은 대나무 조각을 가죽끈으로 엮은 죽간이었는데, 공자는 이 가죽끈이 세 번이나 낡아 끊어지도록 여러 번 읽었다고 한다. 이 책에는 음과 양, 두 가지 종류의 '효' 6개로 이루어진 64개의 '괘'를 이용해서 사람의 다양한 운명을 설명한다.

수학에서 64는 4를 세 번 곱해 얻어지는 세제곱수로, 100 이하의 수 중에서는 가장 큰 세제곱수이다. 세제곱수들을 살펴보면 재미있는 규칙을 발견할 수 있다. 1부터 9까지의 수를 세 번 곱해서 얻어지는 세제곱수를 직접 쓰고, 홀수의 합으로 나타내 보면 다음과 같은 멋진 숫자 피라미드가 나온다.

$$1^3 = 1$$

$$2^3 = 8 = 3 + 5$$

$$3^3 = 27 = 7 + 9 + 11$$

$$4^3 = 64 = 13 + 15 + 17 + 19$$

$$5^3 = 125 = 21 + 23 + 25 + 27 + 29$$

$$6^3 = 216 = 31 + 33 + 35 + 37 + 39 + 41$$

$$7^3 = 343 = 43 + 45 + 47 + 49 + 51 + 53 + 55$$

$$8^3 = 512 = 57 + 59 + 61 + 63 + 65 + 67 + 69 + 71$$

$$9^3 = 729 = 73 + 75 + 77 + 79 + 81 + 83 + 85 + 87 + 89$$

연이은 홀수들을 더한 값이 세제곱수가 되는지 확인해 보고 싶은 생각이 들지도 모르겠다. 5와 6의 세제곱에 대해서 홀수들의 합이 세제곱수가 되는지 다음과 같이 짝지어 더해 확인해 보았다.

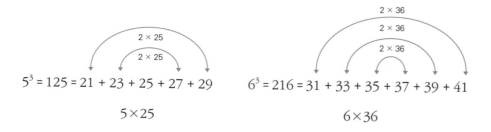

아직도 미심쩍은 사람은 나머지 세제곱수도 확인해 보자.

이번에는 세제곱수들의 차를 구해 보자. 2의 세제곱에서 1의 세제곱을 빼면 7, 3의 세제곱에서 2의 세제곱을 빼면 19, 4의 세제곱에서 3의

222

세제곱을 빼면 37, … 이렇게 수열에서 연이은 두 수의 차를 '계차'라고 하고 이로 만들어지는 새로운 수열을 '계차수열'이라고 한다. 아래에서 계차수열의 처음 3개 수를 찾아 놓았다. 나머지 수들도 계산해서 계차수열을 완성해 보라. 찾아낸 계차수열의 계차수열, 그 계차수열의 계차수열도 생각해 볼 수 있다. 세제곱수들이 이루는 숨겨진 규칙을 발견할 수 있을 것이다.

$$1^3 = 1 \times 1 \times 1 = 1$$
$$2^3 = 2 \times 2 \times 2 = 8$$
$$3^3 = 3 \times 3 \times 3 = 27$$
$$4^3 = 4 \times 4 \times 4 = 64$$
$$5^3 = 5 \times 5 \times 5 = 125$$
$$6^3 = 6 \times 6 \times 6 = 216$$
$$7^3 = 7 \times 7 \times 7 = 343$$
$$8^3 = 8 \times 8 \times 8 = 512$$
$$9^3 = 9 \times 9 \times 9 = 729$$

7
19
37

12
18

6

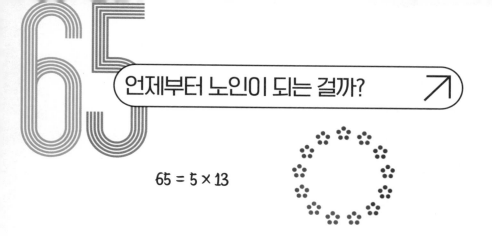

언제부터 노인이 되는 걸까?

$$65 = 5 \times 13$$

공식적으로 '노인'이 되는 나이는 몇 살일까? 우리 사회에서는 65세를 노년의 시작으로 여긴다. 대부분의 사람들이 직장에서 퇴직하여 연금을 받기 시작하는 나이이고, 노인복지법에 따라 여러 가지 혜택을 받게 되는 나이가 65세이기 때문이다.

1981년에 제정된 노인복지법에서는 '노인'을 '만 65세 이상의 국민'으로 정의했다. 당시 사회의 노인 비율은 4% 정도이고, 노령화가 급격히 진행되고 있었다. 노인들을 위한 체계적인 복지 제도가 부족했기 때문에 노인들의 삶의 질을 향상시키고 사회 참여를 촉진하기 위해 법을 만들었다. 오랜 세월 사회에 기여해 온 사람들이 일에서 물러나 여가와 휴식을 즐길 수 있도록 세금 감면, 각종 교통수단 요금 할인 및 감면, 국공립 공원 무료 입장, 의료비 지원 등 다양한 방법으로 노인을 공경하고 대우하는 사회 분위기를 만드는 데에 기여해 왔다.

하지만 최근에는 평균 수명이 늘어나고 낮은 출산율로 2024년 현재, 노인 인구 비율이 19.2%에 이르러 노인 부양 관련 비용에 대한 부담이 커지게 되었다. 태어나는 아이는 줄어드는데 노인 수는 늘어나고 있는 상황이다. 이에 따라 노인 연령 기준을 높여야 한다는 목소리가 커지고 있다. 정부 국책 기관에서는 2025년부터 10년에 한 살씩, 점진적으로 노인의 기준을 상향 조정하는 방안을 발표했다. 만일 이 방안이 그대로 시행된다면 70세가 공식적인 노인이 되는 첫해는 몇 년도일까? 표를 만들어 확인해 보자.

연도	2025 ~2034	2035 ~2044	2045 ~2054	2055 ~2064	2065 ~2074	2075 ~2084	2085 ~2094
나이	66	67	68	69	70	71	72

노인 기준 연령이 70세로 바뀌는 해가 마침 2065년이다!

이제 65가 가진 수학적 성질을 살펴보자. 65의 제곱은 다른 두 자연수의 제곱의 합으로 나타낼 수 있는데, 그 방법이 네 가지나 된다.

$$65^2 = 16^2 + 63^2 = 25^2 + 60^2 = 33^2 + 56^2 = 39^2 + 52^2$$

이 수식이 기하학적으로는 어떤 의미를 가질까? 세 변의 길이가 모두 자연수인 직각삼각형을 생각해 보자. 아마도 여러분의 머릿속엔 $3^2 + 4^2 = 5^2$이라는 수식과 함께 세 변의 길이가 3, 4, 5인 직각삼각형이 떠올랐을 거다. 직각삼각형의 빗변의 제곱은 나머지 두 변의 제곱의 합과 같다는 피타고라스의 정리도 생각났다면 수학 지식이 아주 풍부한 사람이라고 할 수 있다. 피타고라스 정리와 65의 제곱을 나타낸 수식을 엮어 생각하면, 빗변이 65인 직각삼각형이 네 가지가 된다는 알 수 있다. 즉, 65는 세 변의 길이가 정수가 되는 서로 다른 직각삼각형을 4개 갖는 최소의 빗변 값이다. 65가 나오는 재미있는 수식을 더 살펴보자.

$$65 = 1^5 + 2^4 + 3^3 + 4^2 + 5^1$$

65를 1, 2, 3, 4, 5의 거듭제곱의 합으로 표현했는데 그 지수는 거꾸로 5, 4, 3, 2, 1이다.

$$65 = 2^2 + 3^2 + 4^2 + 6^2$$

2, 3, 4, 6의 제곱수를 더해 65라는 값이 나왔는데, 이 수들은 한 자릿수라는 거 외엔 공통점이 없는 것 같다. 규칙성을 찾고 싶어 하는 수학자들은 위의 식을 다음과 같이 변형했다.

$$65 = \left(\frac{3+1}{2}\right)^2 + \left(\frac{5+1}{2}\right)^2 + \left(\frac{7+1}{2}\right)^2 + \left(\frac{11+1}{2}\right)^2$$

3, 5, 7, 11이라는 소수가 나오도록 만든 데에서 규칙에 대한 강박증이 느껴지지 않는가?

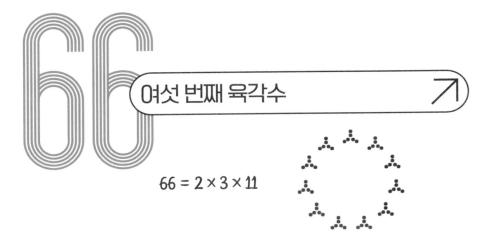

$$66 = 2 \times 3 \times 11$$

여섯 번째 육각수

이번에는 6이 두 번 겹쳐 오는 숫자 66에 대해 알아보자. 점의 개수가 삼각형 모양을 만들면 '삼각수', 정사각형 모양을 만들면 '사각수'라고 한다. 그럼 '육각수'는 어떤 모양을 만드는 수일까? 당연히 육각형 모양이다. 그렇지만 앞에서 이야기한 삼각수, 사각수와는 조금 다른 모양임에 주의하자. 다음 그림과 같이 육각형이 하나의 꼭짓점을 공유하면서 한 변에 있는 점의 개수가 n개가 되도록 배열할 때의 점의 개수가 n번째 육각수이다.

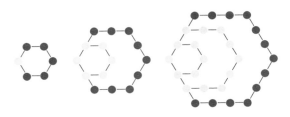

첫 번째와 두 번째 육각수가 1과 6이라는 것은 당연하다. 그런데 세 번째 육각수는 얼마일까? 두 번째 육각수 6에 한 변에 있는 점의 개수가 3개가 되도록 더한 파란색 점의 개수 9를 세어 더해 15라는 걸 알 수 있다(6 + 9 = 15). 네 번째 육각수도 위의 그림에서 점의 개수를 세면 구할 수 있다. 그런데 매번 육각형 모양을 그리고 점의 개수를 일일이 세어 구할 수는 없는 일이다. 한 변에 있는 점의 개수가 커질수록 세는 일이 힘들어질 테니까 말이다. 육각수의 성질을 알면 직접 세지 않고도 알 수 있지 않을까?

점들이 육각형 모양을 이루고 있으니까 금방 세기가 쉽지 않다. 다시 배열해서 다음과 같이 직사각형 모양으로 만들어 보자.

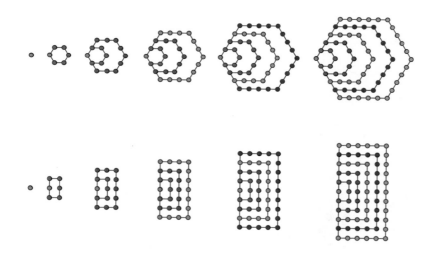

이 그림에서 다시 배열한 직사각형 모양의 가로에 있는 점의 개수는 각각 1, 2, 3, 4, 5, 6이고, 세로에 있는 점의 개수는 1, 3, 5, 7, 9, 11이다. 가로가 1, 2, 3, 4, …로 늘어날 때, 세로는 1, 3, 5, 7, …로 늘어난다. 가로와 세로 사이에 어떤 관계가 있을까? 가로의 2배에서 1을 뺀 값이 세로가 되는 걸 알 수 있다. 이를 식으로 표현해 보자. 가로를 n이라고 하면, 세로는 $(2n-1)$로 나타낼 수 있다. 직사각형 모양 안에 있는 모든 점의 개수는 가로와 세로를 곱한 $n(2n-1)$이다. 즉, n번째 육각수는 $n(2n-1)$이다. 육각수를 구하는 공식을 찾았다! 이제 얻은 공식의 n에 1, 2, 3, 4, …를 넣어 100보다 작은 육각수를 모두 구해 보자. (답은 346쪽 '답 맞추기'에서 확인)

$$1, \quad 6, \quad 15, \quad \boxed{}, \quad \boxed{}, \quad \boxed{}, \quad \boxed{}$$

여섯 번째 육각수는 얼마인가? 6이 두 번 겹쳐 오는 숫자 66이다!

66은 육각수인 동시에 삼각수이기도 하다. 재미있게도 6이 세 번 겹쳐 오는 숫자 666도 삼각수이다. 66은 1부터 11까지의 합이어서 11번째 삼각수이고, 1부터 36까지의 합인 666은 36번째 삼각수이다. 그런데 36은 8번째 삼각수이므로 666은 이중 삼각수라고 할 수 있다.

$$66 = 1 + 2 + 3 + \cdots + 10 + 11$$
$$666 = 1 + 2 + 3 + \cdots + 34 + 35 + 36$$

숫자를 사랑하는 수학자들은 666을 나타내는 여러 가지 방법을 찾아냈는데, 그중 세 가지를 소개한다.

$$666 = 6 + 6 + 6 + 6^3 + 6^3 + 6^3$$
$$= 1^3 + 2^3 + 3^3 + 4^3 + 5^3 + 4^3 + 3^3 + 2^3 + 1^3$$
$$= 3^6 - 2^6 + 1^6$$

　첫 번째 식은 666이 3개의 6과 3개의 6^3을 더한 값이라는 걸 보여 준다. 666의 모양이 거듭해서 나온다는 것을 알아챘는가? 두 번째 식은 1^3, 2^3, 3^3, 4^3, 5^3으로 점점 커지다가 다시 점점 작아져서 1^3이 될 때까지의 수들의 합이 666임을 보여 준다. 대칭을 이루고 있는 좌우의 숫자는 미적 감각까지 자아낸다. 마지막 식에서는 지수가 모두 6인 세 수의 계산 결과가 666이라는 것이 흥미롭다. 계산 중에도 미적 감각과 유머를 드러내고 싶어 하는 수학자의 모습이 보이는 듯하다.

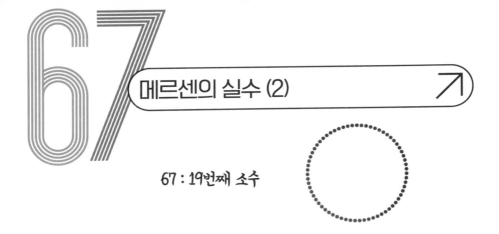

메르센의 실수 (2)

67 : 19번째 소수

숫자 61에서 메르센이 만든 메르센 소수 목록에 빠진 수가 있어서 후대의 수학자들이 채워 넣었다는 이야기를 했다. 메르센 소수일 것으로 예상했던 수들도 실제 소수인지 증명하는 데에는 오랜 시간이 걸렸다. 프랑스 수학자 에두아르 뤼카는 15세였던 1857년에 어떤 수가 소수인지 알아보는 방법을 고안해서 직접 $M_{127} = 2^{127}-1$이 소수인지 계산하기 시작했다. 19년이라는 시간이 흐른 1876년, 그는 마침내 M_{127}이 소수라는 것을 증명해 냈다. 또한 그는 이 방법을 이용해 메르센이 만든 소수 목록에 오류가 있음을 찾아냈다. 메르센은 67이 소수이기 때문에 $M_{67} = 2^{67}-1$ 역시 소수일 것이라 예상했는데, 이 수가 소수가 아니라는 것을 증명해 낸 것이다. 소수가 아니라 합성수이면 어떤 수의 곱으로 나타낼 수 있는지 찾아야 하는데, 뤼카는 그 단계까지 나아가지 못했다.

M_{67}의 소인수분해를 찾은 사람은 미국 수학자 프랭크 넬슨 콜(Frank Nelson Cole)이었다. 그는 1903년 미국수학자협회 회의실에서 메르센 수 $M_{67} = 2^{67}-1$의 소인수분해에 관해 발표했다. 발표를 시작하면서 콜은 칠

판 한쪽에 $M_{67} = 2^{67} - 1$의 값을 찬찬히 썼다. 그가 칠판에 쓴 수는 자그마치 스물한 자릿수 147573952589676412927였다. 그 옆에 아홉 자릿수와 열두 자릿수의 곱 193707721×761838257287을 쓰고, 그 곱을 손으로 계산했다. 계산에 걸린 시간은 1시간 정도였는데, 그동안 콜은 말 한마디 없이 그저 계산만 할 뿐이었다. 곱셈 결과가 처음에 쓴 M_{67}의 값과 같게 나오는 것을 확인한 후, 콜은 자기 자리로 돌아갔다. 말 한마디 없이 계산하며 숫자를 써 가는 콜의 발표를 지켜본 사람들은 기립박수를 보냈다고 한다.

$$2^{67} - 1 = 147573952589676412927$$
$$= 193707721 \times 761838257287$$

오늘날의 컴퓨터라면 M_{67}의 소인수분해를 찾는 데에 단 몇 초밖에 걸리지 않겠지만, 콜은 3년간 매주 일요일마다 계산해서 이 소인수분해를 발견했다고 한다. 그가 쏟아부은 시간이 얼마나 되는지 계산해 보자. 3년 동안 일요일은 총 156번(52×3 = 156)이다. 만일 콜이 일요일마다 10시간씩 계산했다면 1,560시간, 분으로 환산하면 9만 3,600분, 초로 환산하면 561만 6,000초이다.

에두아르 뤼카.

프랭크 넬슨 콜.

이제 67이란 숫자가 나오는 곱셈 문제를 풀어 보자.

끝의 두 자릿수가 67인 다음 수들을 제곱하면 일정한 규칙이 있는 것처럼 보인다.

$$67 \times 67 = 4489$$
$$667 \times 667 = 444889$$
$$6667 \times 6667 = 44448889$$

그렇다면 66667×66667, 666667×666667의 답은 무엇일까? 우선 어떤 답이 나올지 예상해 보자. 그런 다음, 3년 동안 매주 일요일마다 답을 찾기 위해 꾸준히 계산했던 콜과 같이 찬찬히 계산해서 예상과 맞는지 확인하자.

$$66667 \times 66667 = 4444488889$$
$$666667 \times 666667 = 444444888889$$

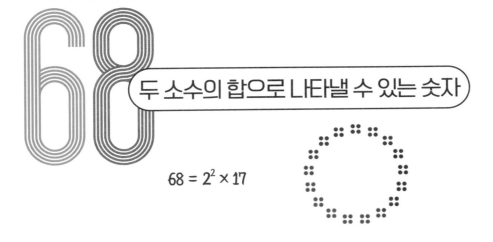

두 소수의 합으로 나타낼 수 있는 숫자

$$68 = 2^2 \times 17$$

1742년 6월 7일, 독일 수학자 골드바흐(Goldbach)는 그 시대 최고의 수학자였던 레온하르트 오일러에게 자신이 연구한 내용에 대해 의견을 묻는 편지를 썼다. 그 편지에는 4, 5, 6을 다음과 같이 소수의 합으로 나타낸 식이 들어 있었다(당시에는 1도 소수로 여겨졌다).

$$4 = \begin{cases} 1+1+1+1 \\ 1+1+2 \\ 1+3 \end{cases} \qquad 5 = \begin{cases} 2+3 \\ 1+1+1+3 \\ 1+1+1+2 \\ 1+1+1+1+1 \end{cases} \qquad 6 = \begin{cases} 1+5 \\ 1+2+3 \\ 1+1+1+3 \\ 1+1+1+1+2 \\ 1+1+1+1+1+1 \end{cases}$$

골드바흐는 이렇게 몇 개의 수를 살펴본 결과, "2보다 큰 모든 자연수는 세 개의 소수의 합으로 나타낼 수 있다"고 추측했다. 편지를 받아본 오일러는 6월 30일 자 답장에 이렇게 썼다. "모든 짝수는 두 소수의 합으로 나타낼 수 있는 게 확실합니다. 다만 저도 증명할 수는 없네요."

골드바흐가 보낸 편지에서 시작된 이 문제는 조금 쉬운 문제와 어려운 문제로 나뉜다. 골드바흐가 맨 처음 제기한 추측은 '약한 골드바흐 추

235

측'이라고 불리는데, "5보다 큰 모든 홀수는 세 소수의 합으로 표현될 수 있다"는 명제로 쓸 수 있다. 오일러가 쓴 답장에 나오는 추측은 '강한 골드바흐 추측'이라고 불리며, "2보다 큰 모든 짝수는 두 소수의 합으로 나타낼 수 있다"고 표현할 수 있다.

강한 골드바흐 추측을 증명하면 약한 골드바흐 추측은 저절로 증명된다. 2보다 큰 모든 짝수에 3을 더하면 5보다 큰 모든 홀수가 되기 때문이다. 두 소수의 합으로 나타낸 수에 소수 3을 더했으니 당연히 5보다 큰 모든 홀수는 세 소수의 합으로 나타낼 수 있게 된다.

약한 골드바흐 추측은 문제가 제기된 지 271년 후인 2013년에 해럴드 해프곳(Harald Helfgott)이 증명에 성공했다. 10^{30}보다 큰 홀수를 세 소수의 합으로 나타낼 수 있음을 연역적으로 증명했고, 그보다 작은 홀수에 대해서는 컴퓨터를 이용해 자그마치 4만 시간을 들여서 실제 세 소수의 합으로 이루어짐을 보였다.

2보다 큰 짝수를 두 소수의 합으로 나타내는 건 그렇게 어려운 일이 아니다. 다음 수들은 서로 다른 두 소수의 합으로 나타낼 수 있는데, 그 방법이 두 가지이다. 각 수를 서로 다른 두 소수의 합으로 나타내는 방법을 찾아보자. 참고로 68은 서로 다른 두 소수의 합으로 나타내는 방법이 두 가지인 수 중에서 가장 큰 수이다. (답은 346쪽 '답 맞추기'에서 확인)

$$16 = 3 + 13 = \boxed{} + \boxed{}$$

$$18 = 5 + 13 = \boxed{} + \boxed{}$$

$$20 = 3 + 17 = \boxed{} + \boxed{}$$

$$22 = 3 + 19 = \boxed{} + \boxed{}$$

$$26 = 3 + 23 = \boxed{} + \boxed{}$$

$$32 = 3 + 29 = \boxed{} + \boxed{}$$

$$62 = 3 + 59 = \boxed{} + \boxed{}$$

$$68 = 7 + 61 = \boxed{} + \boxed{}$$

　　두 자리 짝수의 경우는 비교적 두 소수의 합으로 나타내기 쉽다. 하지만 모든 짝수를 두 소수의 합으로 나타낼 수 있다는 것을 증명하는 것은 완전히 다른 문제다. 단순해 보이는 이 명제를 증명하기 위해 수많은 수학자가 뛰어들었으나 모두 실패했다. 지금도 수학자들은 골드바흐의 추측을 증명하기 위해 다양한 접근 방식으로 연구하고 있다. 완전한 증명이 언제 이루어질지 매우 궁금하다.

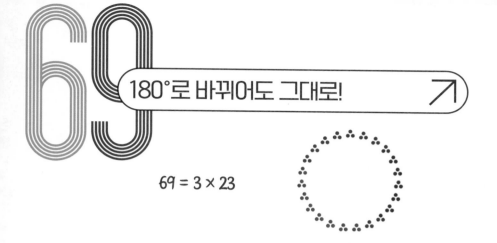

$69 = 3 \times 23$

다음 그림은 어느 주차장을 위에서 내려다본 모습이다. 주차 칸에 숫자 16, 06, 68, 88이 적혀 있고 한 칸 건너 98이 적혀 있다. 자동차가 주차되어 있는 칸에 적힌 숫자는 얼마일까?

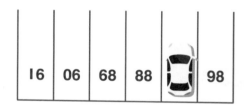

온라인에서 실제 홍콩의 초등학생 입학 시험에 나왔다고 화제가 된적이 있는 문제이다. 이 문제를 본 아이들은 단 몇 초 만에 풀었다고 한다. 그냥 봐서는 나열된 숫자들 사이의 규칙을 찾기가 힘들지만 숫자를 180° 돌려 읽으면 쉽게 풀린다.

같은 것을 보면서도 완전히 다르게 인식하는 경우가 있다. 정확함의 상징인 숫자조차도 상황에 따라 완전히 다르게 읽히기도 한다. 숫자 6은 거꾸로 보면 숫자 9로 읽힌다. 숫자 6을 180° 돌리면 9가 되는 거다. 똑같은 일이라도 자기가 처한 입장, 관점에 따라 완전히 다르게 받아들일 수 있다는 사실을 은유적으로 이야기해 주는 것 같다.

여기서 갑자기 궁금해진다. 180° 돌린 완전히 다른 방향에서 봐도 똑같이 읽히는 수는 없을까?

숫자 0, 1, 8은 가로축을 중심으로 대칭이고, 6과 9는 180° 회전했을 때 서로 같다. 이 숫자들을 잘 짜맞추면 180° 회전해도 여전히 똑같은 수를 찾을 수 있다. 한 자릿수로는 0, 1, 8이 있고, 두 자릿수로는 11, 69, 88, 96이 있다. 180° 회전 대칭을 이루는 수를 점대칭 숫자(strobogrammatic number)라고 한다. 세 자릿수 점대칭 숫자를 찾아보면 다음과 같다.

101, 111, 181, 609, 619, 689, 808, 818, 888, 906, 916, 986

두 자릿수 점대칭 숫자 가운데 69에는 재미있는 성질이 여러 가지 있다. 우선 69의 약수를 모두 구해 더하면 숫자 6과 9로 이루어진 또 다른 숫자가 나온다.

$$69의 약수 합 = 1 + 3 + 23 + 69 = 96$$

69를 제곱하면 $69^2 = 4761$, 세제곱하면 $69^3 = 328509$이다. 제곱하고 세제곱한 값에 0부터 9까지 모든 숫자가 딱 하나씩, 모두 들어 있다. 이런 성질을 만족하는 수는 69 단 하나뿐이다.

1부터 9까지 자연수의 약수를 모두 더하면 얼마일까? 1의 약수는 1, 2의 약수의 합은 3(=1+2), 3의 약수의 합은 4(=1+3), 4의 약수의 합은 7(=1+2+4), 5의 약수의 합은 6(=1+5), 6의 약수의 합은 12(=1+2+3+6), 7의 약수의 합은 8(=1+7), 8의 약수의 합은 15(=1+2+4+8), 9의 약수의 합은 13(=1+3+9)이다. 이를 모두 더하면 바로 69이다.

네 자릿수 점대칭 숫자로는 1001, 1111, 1691, 1881,⋯ 등이 있다. 최근 연도 중에 180° 회전해도 여전히 같은 수가 되는 해는 1961년이었다. 그렇다면 앞으로 다가올 연도 중 180° 회전해도 여전히 같은 수가 되는 해는 몇 년일까? 가장 빨리 맞는 해는 6009년이다!

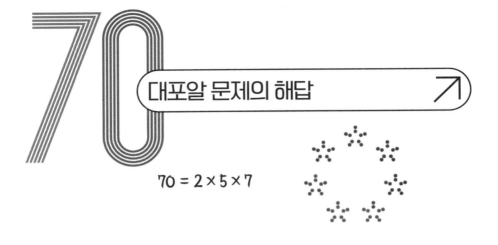

$$70 = 2 \times 5 \times 7$$

대포알 문제의 해답

1584년, 엘리자베스 여왕은 월터 롤리 경에게 아메리카 대륙을 탐험해서 식민지를 개척하라고 명령했다. 신대륙으로 향하는 항해를 준비하면서 롤리 경은 배에 실을 짐을 챙겼다. 그중에서도 야만의 적으로부터 생명을 보호할 대포와 대포알은 수량까지 꼼꼼하게 챙겨야 했다. 당시 대포는 공처럼 생긴 대포알을 날려 보내는 방식이었는데, 대포 옆에 대포알을 쌓아 놓고 바로 쏠 준비를 하곤 했다. 그는 대포알이 쌓여 있는 모양을 보고 곧바로 개수를 알아낼 수 있는 공식을 만들어 보라고 당시 유명한 수학자였던 토머스 해리엇에게 요청했다.

사각틀 안에 대포알을 쌓는다고 하자. 대포알을 정사각형 모양으로 한 층을 놓고, 그 위에 다시 정사각형 모양으로 한 층을 쌓아 올려서 마지막에 대포알 하나를 올려 놓는 방식으로 말이다. 이렇게 피라미드 모양으로 쌓은 대포알의 층수로 전체 개수를 구할 수 있을까?

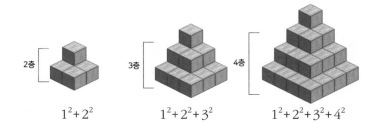

$$1^2+2^2 \qquad 1^2+2^2+3^2 \qquad 1^2+2^2+3^2+4^2$$

n층만큼 쌓은 탑의 대포알 개수는 $1^2+2^2+3^2+\cdots n^2$의 식으로 나타낼 수 있다.

해리엇은 어렵지 않게 이 문제의 답을 찾았다. 다음 그림처럼 가장 왼쪽에 있는 도형 3개를 합쳐 ②의 도형을 만들 수 있다. 이렇게 만든 도형의 맨 윗면은 절반만 채워진다. ③처럼 튀어나온 부분을 절반으로 나눠 맨 윗면을 평평하게 만들면 ④와 같이 된다.

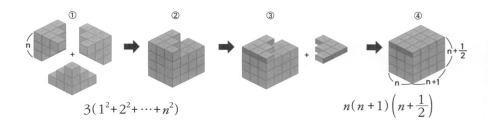

$$3(1^2+2^2+\cdots+n^2) \qquad\qquad n(n+1)\left(n+\frac{1}{2}\right)$$

①과 ④의 도형을 이루는 작은 정육면체의 개수는 같으므로 다음 식과 같이 쓸 수 있다.

$$3(1^2+2^2+3^2+\cdots n^2)=n(n+1)\left(n+\frac{1}{2}\right)$$

해리엇은 이 식을 일반화해서 n층 높이로 쌓은 대포알의 개수를 구하는 다음 공식을 찾아냈다.

$$1^2 + 2^2 + 3^2 + \cdots + n^2 = \frac{n(n+1)(2n+1)}{6}$$

한참 세월이 흐른 1875년, 숫자 67에서 등장했던 프랑스의 수학자 뤼카는 피라미드 모양으로 쌓은 대포알 개수와 관련된 재미있는 문제 하나를 냈다.

Q. 대포알 문제

피라미드 모양으로 쌓은 대포알을 다시 정사각형 모양으로 배열할 수 있다면, 그때의 피라미드 높이는 몇 층이고 정사각형 한 변의 길이는 얼마일까?

이 문제는 다른 말로 하면, 1부터 연속된 제곱수의 합으로 나타낼 수 있는 제곱수는 무엇인지 묻는 것이다. 위에 해리엇이 찾은 공식을 이용해서 식으로 쓰면 다음 식에서 n과 M을 찾으라는 것이다.

$$1^2 + 2^2 + 3^2 + \cdots + n^2 = \frac{n(n+1)(2n+1)}{6} = M^2$$

뤼카는 이 문제의 답이 $n = 1$인 경우와 $n = 24$인 경우밖에 없을 것으

243

추측했는데, 1918년에 이르러서야 조지 네빌왓슨(George Neville Watson)이 타원함수라는 복잡한 방법을 이용해 뤼카의 추측이 옳다는 것을 증명했다. 실제로 1부터 연속된 자연수의 제곱의 합이 다시 제곱수가 되는 경우는 너무도 당연한 경우인 $1^2 = 1$을 제외하고 $n = 24$, $M = 70$인 경우밖에 없다.

$$1^2 + 2^2 + \cdots + 24^2 = 70^2$$

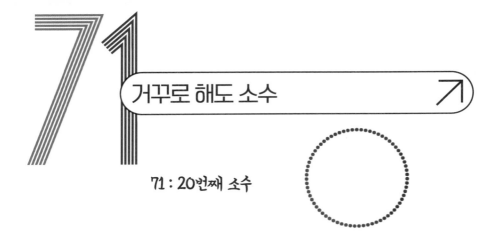

거꾸로 해도 소수

71 : 20번째 소수

11, 13, 17, 19

이 네 수의 공통점은 무엇일까? 모두 소수이고, 두 자릿수이면서 십의 자릿수가 1이다. 그런데 이 중 하나는 나머지와 다른 성질을 가지고 있다. 어떤 수일까?

그냥은 답을 쉽게 찾을 수 없지만, 일의 자릿수와 십의 자릿수를 바꿔서 거꾸로 써 보면 답이 보일 거다. 11, 13, 17을 거꾸로 쓴 11, 31, 71은 모두 소수이다. 그러나 19를 거꾸로 쓴 91은 소수가 아니다. 91 = 7 × 13으로 소인수분해되니까 말이다.

11처럼 거꾸로 써도 원래 수와 같은 소수를 '회문 소수(palindromic prime)'라고 부른다. 한편 13이나 71처럼 거꾸로 쓰면 다른 소수가 되는 소수는 'emirp'라고 부른다. 이 이름은 소수(prime)의 철자를 거꾸로 쓴 것으로, 우리말로 흉내 내면 '소수'를 거꾸로 쓴 '수소' 정도가 되겠다. 100보다 작은 소수 중에서 거꾸로 해도 소수가 되는 수를 찾아보자. 단, 11은 거꾸로 해도 자기 자신과 같으니까 빼자. 그러면 다음의 소수를 찾을 수 있을 거다.

$$13, 17, 31, 37, 71, 73, 79, 97$$

이제 '수소'들이 가진 성질을 조사해 보자. 다음 표는 소수를 거꾸로 한 소수(수소)와 두 수의 차를 정리한 것이다.

소수	거꾸로 한 소수	두 수의 차
13	31	18
71	17	54
37	73	36
97	79	18

13과 31, 17과 71처럼 수소를 이루는 짝들을 보면, 그 차이가 18, 54가 되어 둘 다 18의 배수임을 알 수 있다. 수소를 이루는 짝들의 차이는 항상 18의 배수일까? 간단한 계산으로 그렇다는 것을 증명할 수 있다.

a, b는 1, 2, $\cdots$, 9까지의 수 중 하나이고 $a > b$라고 할 때, 수소를 이루는 짝을 $10a + b$, $10b + a$ 라고 쓸 수 있다. $a > b$이므로 $(10a + b)$가 더 큰 수여서 두 수의 차는 $(10a + b) - (10b + a)$가 된다. 이 식을 정리하면 $9a - 9b = 9(a - b)$이어서 두 수의 차는 9의 배수가 됨을 알 수 있다. 또한 수소를 이루는 두 수는 모두 소수이므로 둘 다 홀수이다. 따라서 홀수의

차는 항상 짝수, 즉 2의 배수가 된다. 9의 배수이면서 동시에 2의 배수인 수는 18의 배수이므로, 수소 짝의 차이는 항상 18의 배수이다.

이번에는 71이 가진 독특한 성질에 대해 알아보자. 혹시 71의 세제곱이 얼마인지 알고 있는가? 71의 세제곱은 3에서 11까지의 홀수를 차례로 늘어놓기만 하면 된다.

$$71^3 = 357911$$

솔직히 71의 세제곱을 쓸 일이 많지는 않다. 하지만 외워 두면 요긴하게 쓸 데가 있을지도 모른다. 더구나 쉽게 외울 수 있으니 언젠가 도움이 될 거다.

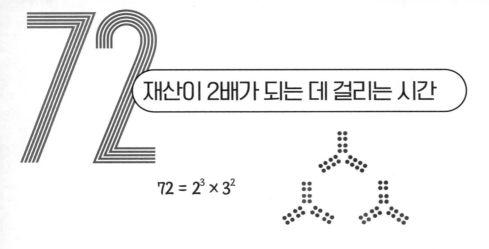

재산이 2배가 되는 데 걸리는 시간

$$72 = 2^3 \times 3^2$$

만일 어떤 부자가 당신에게 1,000만 원을 주면서 2,000만 원으로 불려서 가져오라는 미션을 주며 다음의 두 가지 금융 상품을 추천했다면, 어떤 상품을 선택하겠나?

(1) 은행의 연이율 10%(단리) 예금

(2) 증권 회사의 연이율 10%(복리) 저축보험

단리는 이자를 계산할 때, 원금에 대해 일정 기간마다 일정한 비율의 이자를 주는 방식이다. 연이율(단리) 10% 예금에 5년 동안 1,000만 원을 넣으면 1,000만 원의 10%인 100만 원을 다섯 번 받아 이자는 500만 원이 된다.

복리는 원금에 이자를 더한 금액을 새로운 원금으로 보고 다음 이자를 계산하는 방식이다. 즉, 1,000만 원에 대해 연이율 10%를 복리로 지급한다고 하면 첫해의 이자는 단리인 경우와 똑같이 100만 원이지만, 두 번째 해에는 원래 원금 1,000만 원에 첫해 이자를 더한 1,100만 원이 새로운 원금이 되어 이자가 1,100만 원의 10%인 110만 원이 된다. 세 번째 해의 원금은 1,210만 원(1,100만 + 110만)이고 이자는 1,210만 원의 10%가 되는 방식으로 계산된다.

단리 : 이자 = 원금 × 이자율 × 시간
복리 : 총액 = 원금 × (1 + 이자율)^{시간}

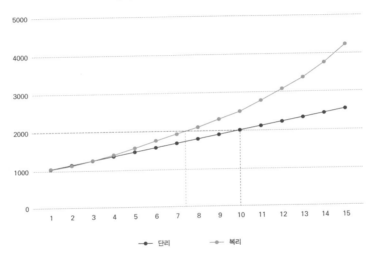

연이율 10%의 상품에 1,000만 원을 가입했을 때, 단리와 복리의 원금과 이자를 합한 금액이 가입 기간에 따라 어떻게 변하는지 위의 그래프에서 보여 주고 있다. 1년만 가입했을 때는 단리, 복리의 차이가 없지만 기간이 길어질수록 복리의 이자가 훨씬 많이 늘어 가는 것을 볼 수 있다.

원금 1,000만 원이 2배인 2,000만 원이 되는 시기는 언제일까? 그래프를 보면 복리의 경우에는 7년을 조금 넘은 시점에서 2,000만 원이 되고, 단리의 경우는 10년이 지나야 되는 것을 알 수 있다. 복리의 경우 복잡한 계산을 한참 해야 원금의 2배가 되는 시점을 구할 수 있는데, 수학자들은 이런 경우에도 쉽게 답을 구하는 방법을 알고 있었다. 르네상스 시대의 수학자 파치올리가 당시의 모든 수학 지식을 모아 지은《산술집성》에는 '72의 법칙'이 실려 있다. 72를 복리 금리(이자율)로 나눈 기간만큼 예금해 두면 원금의 2배가 된다는 거다.

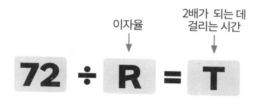

이자율 / 2배가 되는 데 걸리는 시간

$$72 \div R = T$$

예를 들어 연 복리 3%로 저축한 돈이 2배가 되려면 72÷3 = 24, 즉 24년이 걸린다.

단리의 경우엔 '72의 법칙'과 비슷하게 '100의 법칙'이 적용된다. 예를 들어 연 10%의 단리 예금 상품에 가입할 경우 원금이 2배가 되는 데까지 100÷10 = 10, 10년이 걸린다. 앞에서 본 그래프와 같은 결과다. '72의 법칙'과 '100의 법칙'을 통해 같은 이율이라면 언제나 복리를 선택하는 편이 현명하다는 것을 알게 된다.

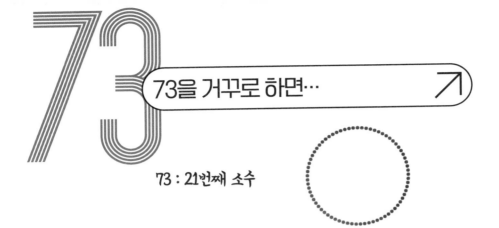

73을 거꾸로 하면…

73 : 21번째 소수

21번째 소수 73은 특별한 성질을 가진 재미있는 숫자이다. 73의 각 자릿수를 곱하면(7×3 = 21), 73의 소수 번호 21이 나온다. 또한 73은 숫자 71에서 이야기했던 이른바 '수소'이다. 73을 거꾸로 한 37 역시 소수이기 때문이다. 그런데 73은 더 재미있는 성질을 가지고 있다. 73은 21번째 소수인데, 거꾸로 한 37은 12번째 소수이다. 거꾸로 한 수도 소수일 뿐만 아니라 거꾸로 한 소수 번호까지 일치하는 아주 특별한 수이다.

이쯤 되면 73과 21, 그리고 37과 12 사이에 뭔가 특별함이 숨어 있을 거란 생각이 든다. 다음 계산을 통해 그 특별함을 찾아보자.

$$73 + 21 = 94 = 47 \times 2$$
$$37 + 12 = 49 = 47 + 2$$

우연의 일치일지 모르겠지만, 계속해서 거꾸로 했을 때 같은 수가 나오면서도 동일한 수 47과 2에 대해 한쪽은 곱으로, 다른 쪽은 합으로 나타나는 것을 볼 수 있다.

특별한 숫자 73은 우주로 부차는 인류의 편지에도 쓰였다. 드넓은 우주 공간 속에 인간과 비슷하거나 또는 더 뛰어난 문명을 지닌 생명체가 있을 것이라 생각한 과학자들은 전파, 레이저 등을 사용해서 증거를 찾으려 하고 있다. 외계 지적 생명체를 탐색하는 과학 프로젝트를 SETI(Search for Extra-Terrestrial Intelligence)라고 한다. 외계 문명으로부터 오는 전파 신호를 잡으려던 과학자들은 50년 전(1974년), 우주를 향해 "여

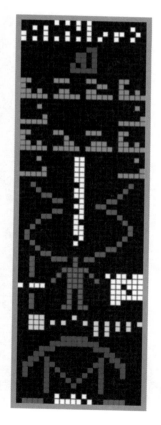

기 지구인이 있어!"라고 말을 걸었다. 아레시보 전파 망원경을 통해 인류 문명의 존재를 간략하게 설명하는 이른바 "아레시보 메시지(Arecibo message)"를 1,679개의 비트로 구성해서 발사했다.

1679라는 다소 묘한 숫자는 73과 23이라는 두 소수를 곱한 수(1679 = 73×23)이다. 그래서 1,679개 비트로 구성된 아레시보 메시지를 직사각형 이미지로 배열하는 경우는 딱 두 가지(가로 23칸과 세로 73칸 또는 그 반대)뿐이다. 가로 23칸과 세로 73칸으로 배열하면 왼쪽과 같은 그림이 나타난다.

1부터 10까지의 숫자, 인체를 구성하는 주요 원소의 원자 번호, DNA 구조와 사람의 모습과 함께 지구가 위치한 태양계, 메시지를 발사한 망원경의 모습까지 담겨 있다. ⓒArne Nordmann(norro)(wikimedia). CC BY-SA 3.0.

아레시보 메시지에 숫자 23과 73이 선택된 이유는 무엇일까? 우선, 소수이기 때문이다. 두 소수의 곱으로 이루어진 수는 다른 소수로 나뉘지 않기 때문에, 외계 생명체가 메시지를 쉽게 해독하는 데에 도움이 된단다(지구에서 보낸 메시지를 받을 정도의 문명을 갖춘 외계인이라면 소수의 성질을 모를 수 없다는 추측에 기반한 것). 또한 가로 23, 세로 73이라는 비율은 메시지를 그림 형태로 배열하기에 적절한 비율이다.

우주를 향해 메시지를 발사한 지 50년이 되어 가지만, 아직까지 외계인으로부터 답장은 받지 못했다. 인류가 보낸 편지는 아직 배달 중일 수도 있다. 메시지를 발사했던 아레시보 전파 망원경은 2020년 말에 케이블 고장으로 무너져 버렸지만, 세계 곳곳에 설치된 망원경을 통해 우주로부터 오는 신호를 잡아 외계 문명의 존재를 증명할 수 있는 증거를 찾는 노력은 여전히 계속되고 있다.

베토벤 9번 교향곡을 담으려면? ↗

$$74 = 2 \times 37$$

74는 베토벤과 관련 있는 숫자이면서 음악을 기록하는 매체의 발달사 속에 숨어 있는 숫자이기도 하다.

음악은 인류 역사만큼 오래된 예술이지만, '소리'라는 형태로 아주 짧은 순간 동안만 존재한다. 사라지기에 아름다운 음악을 영원히 간직하려는 열망은 음악을 기록하는 여러 가지 방식을 발전시켰다. 초기에는 악보로 기록하는 방식이 주로 사용되었다. 음악을 시각적으로 표현하는 악보는 오늘날에도 여전히 중요한 역할을 하고 있다. 18세기 후반에는 음악을 기계적으로 기록하는 기술이 발명되었다. 최초의 음악 기록 장치는 겉에 납이나 왁스를 바른 금속 실린더에 바늘로 소리골을 새기는 형태였다. 1877년, 발명가 에디슨은 인류 최초의 녹음 재생용 장치인 축음기를 발명했다. 처음에는 실린더를 사용했지만 얼마 지나지 않아 복제하기 쉬운 평평한 원반 모양의 음반을 사용하기 시작했다. 바로 이때부터 음반 산업이 시작되었다고 볼 수 있다.

1930년대에는 음성을 자기테이프에 기록하는 테이프 레코더가 발명되었는데, 테이프 녹음으로 원하는 부분을 떼고 붙이는 '편집'이 가능해졌다. 2차 세계대전 이후 평화로운 시대가 오면서 즐길 거리를 찾던 사람들은 한 면에 20분이 넘는 음악을 담은 LP 레코드를 환영했다. 1960년대 필립스에서 자기테이프를 이용하기 편리하게 만든 카세트테이프를 개발하면서 사람들은 간편하게 음악을 감상할 뿐 아니라 자기가 원하는 소리를 녹음할 수 있게 되었다. 그런데 LP 레코드는 시간이 지날수록 소리가 나빠지고, 재생하면서 바늘에 긁혀 변형되는 문제가 있었고, 카세트테이프는 자기테이프가 풀리거나 끊기는 등의 불편함을 가지고 있었다.

1970년대 후반, 당시 세계 최대의 음반 제작사 소니와 필립스는 음악 저장용 새로운 디지털 매체 개발을 시작했다. 처음에는 표준 재생 시간이 60분인 장치를 만들려고 했지만, 베토벤 교향곡 9번을 한 장에 담을 수 있도록 좀 더 길어야 한다는 의견이 나왔다. 바로 소니의 오가 노리오 부회장의 의견이었다. 기존 LP 레코드는 한 장에 최대 60분이어서 베토벤 교향곡 9번을 들으려면 두 장을 갈아 끼워야 했다. 클래식 음악 애호가들에게 매우 중요한 작품인 베토벤 교향곡 9번을 한 장에 담을 수 있어야 대중이 새로운 매체를 선택할 것이란 것이 그의 생각이었다. 당시 가장 긴 베토벤 교향곡 9번 연주는 빌헬름 푸르트벵글러 지휘 버전으로 74분 42초여서, 결국 표준 재생 시간은 74분으로 확정되었다.

이 새로운 디지털 매체는 지름이 30cm에 달하는 LP 레코드에 비해

한 손에 쏙 들어오는 지름 12cm 크기 덕분에 콤팩트디스크(Compact Disk, 간단하게 CD)란 이름을 가지게 되었다. 74분 표준은 CD의 성공에 큰 영향을 미쳤다. 클래식 음악 애호가들은 자신이 좋아하는 음악을 한 장에 담을 수 있다는 점에 만족했고, 뛰어난 음질에 휴대도 편리한 CD는 빠르게 대중적인 음악 매체로 자리 잡았다. 또한 지름 12cm인 CD의 크기는 이후 DVD와 블루레이 등 다른 매체에서도 업계 표준이 되었다.

그런데 베토벤의 9번 교향곡 〈합창〉은 도대체 어떤 작품이길래 새로운 매체의 표준을 정하는 기준이 된 걸까? 4악장에 나오는 합창곡 〈환희의 송가〉는 〈기뻐하며 경배하세〉라는 찬송가로도 불리고, 예전 음악 교과서에 실렸던 곡이라 누구나 한 번은 들어 본 곡일 것이다. 이 합창곡 덕분에 '합창'이라는 제목이 붙은 9번 교향곡은 베토벤의 마지막 교향곡이다. 22세의 베토벤이 우연히 실러의 시 〈환희에 붙임〉을 읽고 깊은 감동을 받아 곡으로 만들고 싶다는 생각에서 시작된 이 작품은 완성되기까지 30년이 넘는 시간이 걸렸다.

이 작품을 작곡할 때 베토벤은 이미 청력을 잃은 상태였다. 음악을 직접 들을 수 없으니 연주자들과 소통하는 데 어려움을 겪었다. 가까스로 친구들의 도움을 받아 완성한 교향곡을 처음 무대에 올렸을 때, 베토벤은 지휘를 친구에게 맡길 수밖에 없었다. 합창 교향곡의 첫 연주 후에 큰 감동을 받은 관객들은 뜨거운 박수를 보냈지만, 객석을 등지고 있던 베토벤은 알아챌 수 없었다. 결국 무대에 있던 성악가가 베토벤의 손을 잡고 관객들을 보게 했다는 이야기가 전해진다.

　음악가에게 가장 중요한 청력을 완전히 잃고도 30년이란 시간을 통해 합창 교향곡을 완성한 베토벤. 그리고 위대한 작품을 온전히 감상할 수 있도록 기술 표준을 정한 기업가. 숫자 74를 통해 예술과 기술, 경영의 절묘한 조화를 보는 듯하다.

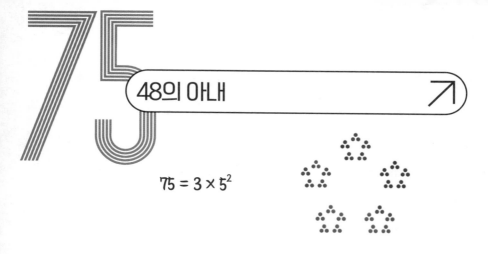

$$75 = 3 \times 5^2$$

48의 아내라니, '수도 결혼을 하나?'라는 생각이 들 것이다. 만물의 근원을 수에서 찾으려 했던 피타고라스학파는 수에서도 '천상배필'을 찾아냈다.

48의 약수는 1, 2, 3, 4, 6, 8, 12, 16, 24, 48이다. 이 중에서 1과 자기 자신 48을 제외한 나머지 약수를 모두 더하면 75가 나온다.

$$2 + 3 + 4 + 6 + 8 + 12 + 16 + 24 = 75$$

이번에는 75의 약수를 모두 구해 보자. 1, 3, 5, 15, 25, 75이다. 이 중에서 1과 자기 자신 75를 제외하고 더하면 48을 얻는다.

$$3 + 5 + 15 + 25 = 48$$

이렇게 1과 자기 자신을 제외한 약수의 합이 서로를 나타낼 때 이러한 두 수를 '부부수'라고 한다. 48과 75는 부부수이다. 지금까지 알려진 부부수로는 140과 195, 1050과 1925, 1575와 1648, 2024와 2295 등 이 있는데 모두 짝수와 홀수의 쌍으로 이루어져 있다. 부부수라고 하는 이름은 '짝수는 남성, 홀수는 여성'이라는 피타고라스학파의 생각을 바탕으로 한다.

수의 세계에는 남편과 아내만이 아니라 친구도 존재한다. 바로 '우애수'다. '친화수' 또는 '친구수'라고도 불리는 이 수는 자기 자신을 제외한 약수의 합이 서로 상대방의 수가 되는 두 수를 가리킨다. 서로 친구가 되는 수라는 의미다. 피타고라스학파가 발견한 우애수는 220과 284이다.

220의 약수 : 1, 2, 4, 5, 10, 11, 20, 22, 44, 55, 110, 220
자기 자신(220)을 제외한 약수의 합
$= 1 + 2 + 4 + 5 + 10 + 11 + 20 + 22 + 44 + 55 + 110 = 284$

284의 약수 : 1, 2, 4, 71, 142, 284
자기 자신(284)을 제외한 약수의 합
$= 1 + 2 + 4 + 71 + 142 = 220$

수에 관심 있는 사람들이 우애수를 찾고자 노력했는데, 그다음 우애수를 찾은 사람은 '페르마의 마지막 정리'로 유명한 프랑스의 아마추어 수학자 페르마였다. 1636년에 그가 찾은 우애수는 17296과 18416이었다. 그 뒤를 이어 데카르트도 9363584와 9437056라는 우애수를 발견했다. 오일러와 르장드르와 같은 수학자들이 우애수 찾기에 뛰어들어 현재는 1,000만 개 이상이 발견되었다.

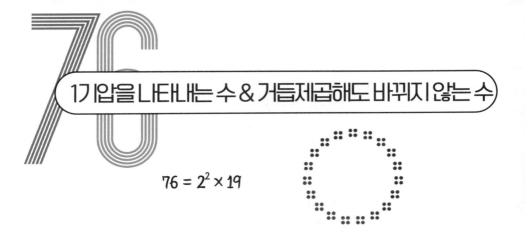

1기압을 나타내는 수 & 거듭제곱해도 바뀌지 않는 수

$$76 = 2^2 \times 19$$

"덥고 습한 북태평양 고기압의 영향권에 들면서 열대야 현상이 지속적으로 나타날 것으로 예상됩니다."

여름철 자주 듣게 되는 일기예보의 한 토막이다. '기압'은 공기가 누르는 힘을 말한다. 측정하려는 곳의 기압이 주변의 기압보다 높으면 고기압, 낮으면 저기압이다.

그럼 기압의 크기는 어떻게 잴까? 크기를 재기 위해서는 먼저 단위가 있어야 한다. 17세기 초반 이탈리아의 과학자 토리첼리는 한쪽 끝이 막힌 1m 높이의 유리관에 수은을 채워서 수은 용기 속에 거꾸로 세워 놓으면 수은이 밑으로 내려오다 표면에서 높이 76cm 되는 곳에서 정지하는 것을 발견했다. 이를 이용해서 수은 기둥 76cm가 올라가는 데 작용하는 압력을 1기압이라고 약속하게 되었다.

대기압의 크기를 최초로 측정한 이탈리아의 과학자 토리첼리.
1기압에서 수은주의 높이는 76cm이다.

수학에서 76은 아무리 거듭제곱을 해도 마지막 뒤 두 자리가 항상 76이 된다. 이런 특징을 가진 수를 '자기동형 수(Automorphic number)'라고 한다.

$$76^2 = 5776$$
$$76^3 = 438976$$
$$76^4 = 33362176$$
$$76^5 = 2535525376$$
$$76^6 = 192699928576$$

또한 끝의 두 자리 숫자가 76인 수들의 곱은 십의 자리 숫자가 7이고 일의 자리 숫자는 6이다. 예를 들어 376과 276의 곱은 103776으로 마지막 두 자리가 역시 76이다. 정말 그런지 궁금한 사람을 위해 76으로 끝나는 세 자릿수에 대해 아래에 증명해 놓았다.

증명

76으로 끝나는 세 자릿수를 $100a+76$, $100b+76$이라고 하자. 이때 a와 b는 1부터 9까지의 자연수이다. 두 수의 곱 $(100a+76)(100b+76)$을 계산해 정리하면

$$10000ab+7600b+7600a+5776 = 10000ab+7600b+7600a+5700+76$$
$$= 100(100ab+76b+76a+57)+76$$

따라서 두 수를 곱해 나온 수 역시 끝의 두 자리 숫자가 76이다.

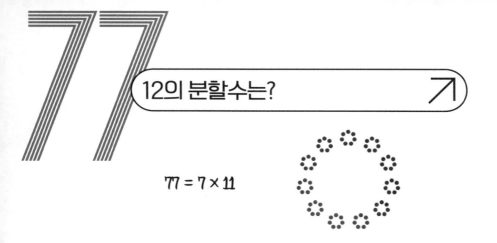

$$77 = 7 \times 11$$

수학자들이 연구하는 문제 중에는 내용은 초등학생도 이해할 만큼 쉽지만, 막상 증명하려면 매우 어려운 것들이 종종 있다. 특정한 개수의 물건이 주어졌을 때, 물건들을 나누는 방법의 수가 얼마인지 찾는 '정수 분할 문제'가 바로 그런 문제이다.

돌멩이 4개를 예로 들어 생각해 보자. 4개의 돌멩이를 나누어 가지는 방법은 모두 몇 개일까? 그냥 4개를 혼자서 가질 수도 있고, 둘이서 3개, 1개 또는 2개, 2개를 가질 수도 있다. 셋이서 2개, 1개, 1개씩 가질 수도 있고, 넷이서 1개씩 가질 수도 있다.

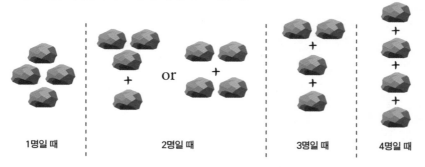

| 1명일 때 | 2명일 때 | 3명일 때 | 4명일 때 |

돌멩이 4개를 나누어 가지는 방법은 모두 다섯 가지이다.

위의 그림처럼 4개의 돌멩이를 나누어 가지는 방법을 4, 3+1, 2+2, 2+1+1, 1+1+1+1과 같이 덧셈으로 나타낼 수 있으며 이때 4개의 돌멩이를 나누어 가지는 방법의 가짓수를 4의 '분할수'라고 한다. 즉, 4의 분할수는 5이다.

그렇다면 돌멩이가 6개일 때, 나누어 가지는 방법은 몇 가지일까? 즉, 6을 자연수의 합으로 나타내는 방법의 수는 얼마인지 찾아보자.

더하는 수의 개수	방법	방법의 가짓수
1	6	1
2	1+5=2+4=3+3	3
3	1+2+3=1+1+4=2+2+2	3
4	1+1+1+3=1+1+2+2	2
5	1+1+1+1+2	1
6	1+1+1+1+1+1	1

그저 자연수를 덧셈으로 나타내는 방법을 세기만 하면 되기 때문에 무척 쉬워 보이는 문제이지만, 수가 커질수록 분할수가 엄청나게 커지기 때문에 세는 것도 쉽지 않게 된다. 하나하나 세지 않고도 숫자만 넣으면 분할수를 계산할 수 있는 함수를 찾기 위해 여러 수학자들이 뛰어들었다. 18세기에는 오일러, 20세기 초반에는 라마누잔과 하디가 이 문제에 대해 연구했다(라마누잔과 하디에 관한 이야기는 숫자 91에 이어진다).

수학에 대해 정규 교육을 거의 받지 않은 라마누잔은 200까지의 수를 덧셈으로 나타내는 목록을 만들어 분할수가 가지는 특별한 규칙성을 찾았다. 그가 만든 목록은 아마도 다음 표와 같은 형태였을 것이다. 32의 분할수를 찾고 싶다면 32 = 5×6 + 2이므로, 가로 +2의 열에서 5×6에 해당하는 칸을 찾으면 된다.

	+ 0	+ 1	+ 2	+ 3	+ 4
5×0	1	1	2	3	5
5×1	7	11	15	22	30
5×2	42	56	77	101	135
5×3	178	231	297	385	490
5×4	627	792	1002	1255	1575
5×5	1958	2436	3010	3718	4565
5×6	5604	6842	8349	10143	12310
5×7	14883	17977	21637	26015	31185
5×8	37338	44583	53174	63261	75175
5×9	89134	105558	124754	147273	173525

0부터 49까지의 분할수를 5개씩 10줄로 정리한 표.

라마누잔은 4나 9로 끝나는 모든 수의 분할수는 항상 5로 나뉠 수 있다는 것을 발견했다. 또한 5, 12, 19, 26, …과 같이 5부터 7씩 커지는 수의 분할수는 7의 배수이며, 6, 17, 28, 39, …와 같이 6부터 11씩 커지는 수의 분할수는 11의 배수라는 것도 알아냈다. 정말 그런지 위의 표를 이용해 확인해 보라.

그런데 77이란 숫자는 분할수와 무슨 관계가 있을까? 표를 찬찬히 살펴본 사람이라면 발견했을 것이다. 바로 12의 분할수가 77이다.

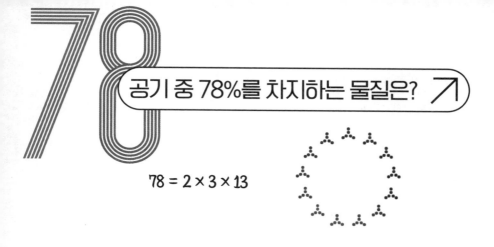

공기 중 78%를 차지하는 물질은?

$$78 = 2 \times 3 \times 13$$

　　우리가 들이마시는 공기의 78%를 차지하는 물질은 무엇일까? 우리 몸을 구성하는 중요 성분에도 이 물질이 들어간다. 또한 이 물질이 없으면 식물이 자라날 수 없다. 입이 심심할 때 자주 찾는 과자 봉지 안에도 잔뜩 들어 있고, 여름의 뜨거운 열기를 식혀 주는 아이스크림을 만들 때도 이용된다. 이 물질은 무엇일까?

　　바로 원자 번호 7번 '질소'이다. 우리가 숨 쉬는 지구의 대기는 질소 약 78%, 산소 약 21%, 아르곤 약 0.9%, 이산화탄소 약 0.04% 등으로 이루어져 있다. 질소는 생명체가 단백질을 합성하는 데에 꼭 필요한 원소이고, 산소는 생명체의 호흡을 위해 꼭 필요한 원소이다.

　　질소를 처음 발견한 사람은 영국의 의사이자 화학자인 대니얼 러더퍼드였다. 1772년 공기를 태울 때 일어나는 반응을 연구하던 그는 남은 기체가 있는 공간에 쥐를 넣었는데, 곧 질식해 죽는 것을 보고 '독을 품고 있는 공기'라고 이름을 붙였다. 거의 비슷한 시기에 질소를 발견한 다른 화학자들도 질소 기체 속에 있던 동물들이 죽고 불꽃이 꺼지는 것을 보고 '생명이 없다'는 뜻의 이름을 붙였다. 우리가 쓰는 '질소(窒素)'라는 용어도 한자의 원래 뜻대로 풀어 보면 '숨이 막히게 하는 원소'라는 뜻이다. 화학이 발전하지 못했던 당시에는 산소가 부족해서 동물들이 죽는다는 생각을 하지 못하고 질소 기체가 생명체를 질식시킨다고 오해했던 거다.

질소는 색깔과 냄새가 없어서 존재감이 없는 물질이라고 생각할 수도 있지만, 사실은 생활 속 다양한 분야에서 활용되고 있어서 질소가 없는 세상을 상상하기 쉽지 않다. 질소가 활용되는 분야 중 가장 피부로 와 닿는 건 식품 산업 분야다.

과자를 샀는데 막상 포장을 뜯고 보니 생각보다 양이 적어서 당황했던 경험을 한 번쯤 해 보았을 것이다. 이럴 때 바람만 많이 들었다고 얘기하는데, 포장지 안을 꽉 채운 바람이 바로 질소다. 기름에 튀겨서 만드는 과자는 산소와 결합하면 세균이 번식하거나 변질될 수 있다. 또한 유통 과정에서 충격을 받으면 부서질 수도 있다. 그런데 다른 물질과 잘 반응하지 않는 질소를 봉지에 채워 넣으면 과자가 상하지 않을 뿐 아니라 충격을 받아 부서지는 것도 막을 수 있다.

일반적으로 냉동식품은 얼리지 않은 식품보다 맛이 없다. 얼린 고기나 생선을 녹여 구우면 살이 퍼석해지며 질겨지고, 냉동야채는 아삭함을 잃고 뻣뻣해진다. 이것은 식품이 어는 과정에서 식품의 세포 크기보다 큰 얼음 결정이 생기기 때문이다. 그런데 요즘 나오는 냉동식품은 예전과 비교해 보면 확연히 맛있어졌다. 빠른 속도로 얼리는 '급속 냉동'으로 얼음 결정이 커지기 전에 빠르게 얼려 식품의 질감과 맛을 유지하기 때문이다. 질소는 끓는점이 영하 196℃로 매우 낮기 때문에 급속 냉동 방법의 하나로 이용된다. 영하 196℃ 이하에서 질소는 액체 상태가 된다. 끓는점보다 약간 낮은 영하 195.8℃의 액체 질소를 이용해 식품을 빠르게 얼리면 영양소 파괴는 최소화하면서 신선함을 오랫동안 유지할 수 있다.

액체 질소를 이용한 급속 냉동은 의료 분야에도 활용된다. 염증 부위를 빠르게 냉각시키면 통증과 붓기가 줄어드는데, 이를 이용해 부상이 잦은 운동선수들을 치료하거나 관절염 환자를 치료할 수 있다. 또한 암세포나 손상된 세포를 얼려 죽인 후 제거하는 방식으로 활용되기도 한다. 외과 수술 중 조직을 보존하거나 난자, 정자, 배아를 냉동하여 보관할 때에도 액체 질소가 이용된다.

이제 숫자 78에 대한 문제로 이야기를 마무리할까 한다. 양의 정수 4개를 제곱해서 더한 값이 78이 되게 할 수 있을까? 답은 당연히 '있다'이다. 다음과 같이 나타내면 되니까 말이다.

$$1^2 + 2^2 + 3^2 + 8^2 = 1 + 4 + 9 + 64 = 78$$

그런데 이것 외에 두 가지 방법이 더 있다. 아래 빈칸에 어떤 수를 넣

어야 하는지 찾아보자. (답은 346쪽 '답 맞추기'에서 확인)

$$78 = \square^2 + \square^2 + \square^2 + \square^2$$
$$= \square^2 + \square^2 + \square^2 + \square^2$$

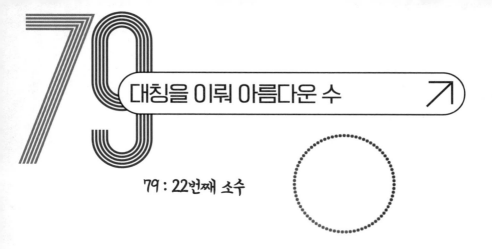

대칭을 이뤄 아름다운 수

79 : 22번째 소수

아름다운 얼굴에 대한 기준은 시대와 문화에 따라 다르지만, 일반적으로 균형이 잘 잡히고 이목구비가 조화를 이룰 때 "잘생겼다", "예쁘다"고 말한다. 사람들은 좌우 대칭을 이루는 얼굴을 더 매력적이고 건강하며, 신뢰할 수 있다고 여기는 경향이 있다.

절대 진리를 추구하며 추상적인 아름다움을 찾는 수학자들도 일반인들과 마찬가지로 '대칭'에서 아름다움을 느낀다. 영국 수학자 폴 레이랜드(Paul Leyland)는 대칭을 이루는 식으로 나타낼 수 있는 아름다운 수를 찾았다. 그의 이름을 붙인 '레이랜드 수'는 다음과 같은 식으로 나타낼 수 있는 수이다.

$$x^y + y^x \ (\text{단}, x, y \text{는 1보다 큰 자연수})$$

x, y에 1보다 큰 자연수를 차례로 넣어 100 이하의 레이랜드 수를 구해 보자. (답은 346쪽 '답 맞추기'에서 확인)

$2^2 + 2^2 = \boxed{}$ $2^3 + 3^2 = \boxed{}$ $2^4 + 4^2 = \boxed{}$

$3^2 + 2^3 = \boxed{}$ $2^5 + 5^2 = \boxed{}$ $2^6 + 6^2 = \boxed{}$

레이랜드 수를 구하는 위의 식에서 덧셈 기호를 뺄셈 기호로 바꾼 $x^y - y^x$ 역시 대칭을 이룬다. 이런 꼴로 나타낼 수 있는 수를 '두 번째 종류의 레이랜드 수'라고 한다. 여기서도 x, y는 1보다 큰 자연수여야 한다.

이번에도 x, y에 1보다 큰 자연수를 차례로 넣어 100 이하의 두 번째 종류의 레이랜드 수를 구해 보자. (답은 346쪽 '답 맞추기'에서 확인)

$2^2 - 2^2 = \boxed{}$ $3^2 - 2^3 = \boxed{}$ $2^5 - 5^2 = \boxed{}$

$3^4 - 4^3 = \boxed{}$ $2^6 - 6^2 = \boxed{}$ $2^7 - 7^2 = \boxed{}$

이처럼 79는 대칭을 이루는 식으로 나타낼 수 있어서 아름다운 수이다. 그런데 79는 또 다른 대칭성을 가지고 있다. 바로 거꾸로 쓴 97과 같은 성질을 공유하는 '거울 대칭'이다.

79는 자릿수 합이 네제곱수가 되는 수 중에서 가장 작은 수이다. 즉, 79의 십의 자릿수와 일의 자릿수를 더한 값 16(= 7+9)은 2^4이므로 네제곱수이다. 당연하게도 79를 거꾸로 쓴 97은 자릿수 합이 네제곱수가 되는 수 중 두 번째로 작은 수이다.

앞서 숫자 71에서 거꾸로 써도 소수가 되는 '수소'에 대해 이야기했

273

다. 79 역시 '수소'이다. 79를 거꾸로 쓴 97도 소수이기 때문이다. 앞에서도 이야기했지만, 79와 97처럼 수소를 이루는 두 수의 차는 항상 18의 배수이다. 실제 79와 97의 차는 18임을 알 수 있다.

79와 97은 여러 가지 면에서 같은 성질을 공유한다. 79는 다음 식과 같이 3개의 소수의 합으로 나타낼 수 있다.

$$11 + 31 + 37 = 79$$

이제 위의 식에서 좌변에 있는 소수들을 거꾸로 써서 더해 보자. 즉, 11+13+73을 계산해 보자는 이야기다. 어떤 수가 나오는가? 아마 다음과 같은 결과를 얻었을 것이다.

$$11 + 13 + 73 = 97$$

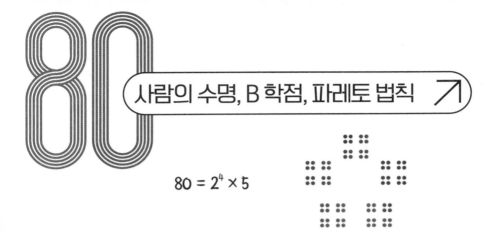

$$80 = 2^4 \times 5$$

많은 사람들이 풍요로운 의식주를 누리고 눈부시게 발전한 현대 의학의 혜택을 입으면서 100세 가까이 건강하게 살아가고 있다. 그래서 '100세 시대'라는 말을 많이 한다. 예전에는 평균 수명이 짧아서 61번째 생일을 환갑(還甲)이라고 크게 축하하는 잔치를 열 정도였다. 성경에도 사람의 일생이 70, 길어야 80이라고 말하는 구절이 나온다. 어린 시절 갖게 된 습관을 죽을 때까지 가지게 된다는 뜻의 '세 살 버릇 여든까지 간다'는 속담에서도 80이라는 숫자는 사람의 수명을 나타내고 있다.

중고등학교와 달리 대학에서는 학생들의 성적을 평가할 때, ABCDF 등급제를 사용한다. 여기서 등장하는 B 학점은 숫자로는 80을 의미한다. 중위권인 B 학점은 상대평가 기준으로 상위 30~70%에 해당하는 성적인데, 백분위 점수로 80점 이상을 얻어야 B 학점을 받을 수 있다. 많은 기업에서 B 학점 이상의 성적을 요구하기 때문에 취업을 앞둔 대학생들에게 숫자 80은 목표 점수를 의미하기도 한다.

전체를 100으로 봤을 때, 다수의 80과 소수의 20으로 나눌 수 있다.

이탈리아의 경제학자 빌프레도 파레토(Vilfredo Pareto)는 이탈리아의 토지 소유 분포를 연구하면서, 전체 지주의 20%에 해당하는 소수의 지주가 전체 토지의 80%를 가진다는 사실을 발견했다. 이후 그는 이러한 비율이 다른 여러 분야에서도 나타난다는 것을 관찰하고, 이를 일반화하여 '파레토 법칙'이라는 이름으로 제시했다. "전체 결과의 80%는 전체 원인의 20%에서 발생한다"는 것을 이야기하는 파레토 법칙은 '80-20 법칙'이라고도 불린다.

우리 주변에서도 이런 현상을 쉽게 찾아볼 수 있다. 옷장이나 신발장을 열고 거의 매일 입고 신는 옷과 신발이 어떤 것인지 살펴보라. 아마 전체의 20% 정도일 것이다. 친하게 지내며 함께 대부분의 시간(전체의 80% 이상)을 보내는 같은 반 친구의 비율은 20%를 넘지 않을 것이다. 우리가 인터넷에서 자주 방문하는 사이트는 전체의 20% 정도에 불과하지만, 그곳에서 우리가 얻는 정보의 거의 대부분(80% 이상)을 얻는다. 많은 점수를 얻는 팀이 이기는 단체 경기에서도 소수의 선수들이 얻은 점수로 승패가 좌우된다. 야구에서 중심 타선 타자, 축구에서 스트라이커, 농구에서 센터 등이 얻는 점수는 전체의 80% 이상이다.

80%의 결과를 만드는 20%의 원인에 집중하면 효율성을 높일 수 있다. 우리 집에 물건이 100개 있다면, 이 중 실제 사용하는 물건은 20개 정도이다. 나머지 80개는 언젠가 쓸 것 같아서 보관하고 있는 물건인 경우가 대부분이다. 보관만 하고 실제 사용하지 않는 물건들을 버리면 집

을 훨씬 넓게 쓸 수 있다.

시험공부를 할 시간은 적은데 좋은 점수를 받고 싶다면, 어떻게 해야할까? 시험 범위 처음부터 차근차근 공부해서는 끝까지 다 보기도 힘들다. 우선 시험 문제의 80%가 출제되는 중요한 20%가 어디인지를 파악해야 한다. 그런 다음 중요한 20%를 집중해서 공부해야 한다.

80-20 법칙은 우리 삶의 효율성을 높이는 데 도움이 된다. 핵심적인 20%에 집중하여 노력한다면, 80%의 결과를 얻을 수 있다는 것을 기억하고 현명하게 활용하자.

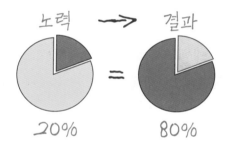

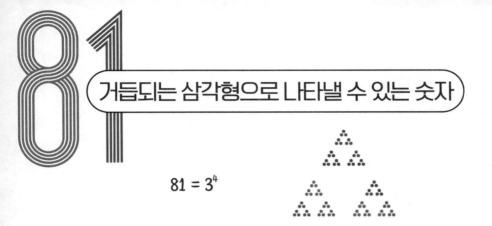

81 거듭되는 삼각형으로 나타낼 수 있는 숫자

$$81 = 3^4$$

숫자 81을 소인수분해해서 도형으로 나타내면 큰 삼각형 안에 작은 삼각형이 들어 있고, 작은 삼각형 안에 더 작은 삼각형이 들어 있는 것을 볼 수 있다. 이렇게 전체와 부분이 똑같은 형태가 무한히 반복되는 구조를 '프랙탈(fractal)'이라고 한다. 프랙탈은 '부서진 상태'라는 뜻을 가진 라틴어 '프랙터스(fractus)'에서 나온 용어로, 글자가 품은 의미가 구조의 특징에 잘 나타난다. 프랙탈 도형은 어느 한 부분을 떼어 내더라도 확대해 보면 전체 모양과 똑같다. 또한 그 모양을 무한히 확대해도 무한히 반복되는 특징을 가진다.

대표적인 프랙탈 도형의 예가 바로 시에르핀스키 삼각형이다. 폴란드 수학자 바츠와프 시에르핀스키(Wacław Sierpiński)는 다음과 같은 규칙을 적용해서 재미있는 도형을 만들었다.

① 정삼각형을 하나 그린다.
② 이 삼각형을 같은 크기의 정삼각형 4개로 나누고, 가운데 삼각형을 없앤다.

③ 남은 작은 삼각형에 대해 ②의 과정을 무한히 반복한다.

이 규칙을 따라 도형을 만들어 보면 다음 그림과 같다. 3단계에서 만들어지는 도형은 숫자 81을 소인수분해한 도형과 꼭 닮아 있음을 볼 수 있다.

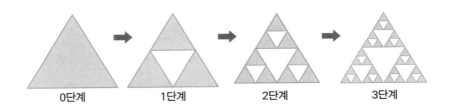

이 도형들이 가진 특징을 차근차근 살펴보면서 각 단계에 있는 삼각형과 변의 개수를 다음 표에 적어 보자. 또한 0단계 도형의 넓이가 1이라고 할 때, 각 단계 도형의 넓이를 구해 보자.

	0단계	1단계	2단계	3단계	...	n 단계
삼각형의 개수	1	3	9	27		3^n
변의 개수	3	9	27	81		3^{n+1}
도형의 넓이	1	$\dfrac{3}{4}$	$\dfrac{9}{16}$	$\dfrac{27}{64}$		$\left(\dfrac{3}{4}\right)^n$

3단계까지 도형들이 가진 삼각형, 변의 개수, 넓이를 구해 보면 일정한 규칙이 있다는 것을 발견하게 된다. 삼각형과 변의 개수는 단계가 하

나씩 커질 때마다 3배가 되는데, 도형의 넓이는 $\frac{3}{4}$배가 된다. 즉, 삼각형과 변의 개수는 일정한 비율로 점점 많아지지만 도형의 넓이는 일정한 비율로 점점 줄어든다. 그렇다면 무한히 많은 단계를 거쳐 만들어지는 시에르핀스키 삼각형은 어떤 모습일까? 시에르핀스키 삼각형을 이루는 작은 삼각형과 변의 개수는 무한이지만, 넓이는 0이 될 것이라고 예상할 수 있다.

무한히 많은 변을 가지지만 넓이는 0인 도형이라고? 구체적으로 개수를 세고 논리적으로 따져 보면 시에르핀스키 삼각형이 바로 그런 성질을 가진 도형이라는 걸 알 수 있지만, 과연 그런 도형이 실제로 존재할까 하는 의심이 생긴다. 그런데 자연 속에는 수없이 많은 프랙탈 도형이 존재한다. 그 한 예가 바로 우리 몸의 폐이다.

폐는 수없이 많은 잔가지를 가진 나무 모양을 하고 있다. 그 잔가지 맨 끝에는 포도송이 모양의 공기 주머니인 허파꽈리가 달려 있다. 허파꽈리 하나하나의 지름은 약 0.1~0.2mm로 바늘구멍만 한 크기이지만 개수가 3억~5억 개 정도이다. 우리 몸에서 공기와 직접 닿는 곳이  바로 허파꽈리인데, 양쪽 폐에 있는 허파꽈리의 겉넓이를 모두 더하면 얼마나 될까? 약 70~100m²로 사람 몸의 50배, 농구 경기장 절반 정도의 넓이, 즉 약 20평 정도가 된다고 한다. 길이로는 2m가 채 못 되는 우리 몸속에 이렇게 넓은 면적이 들어 있다니 신기하다. 우리 몸이 많은 산소를 받아들이기 위해서는 공기와 닿는 허파꽈리의 겉넓이를 최대한 넓게 하는 것이 필요하다. 사람 몸속에서 공기와 닿는 최대한의 넓이를 확보하려면 허파꽈리의 모양은 프랙탈 구조를 가질 수밖에 없다.

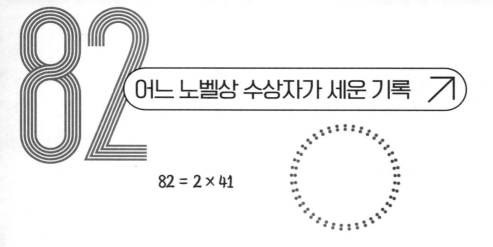

82 = 2 × 41

어느 노벨상 수상자가 세운 기록 ↗

2022년 7월, 수포자가 넘쳐 나는 한국 사회에서 여러 언론이 수학 관련 기사를 앞다투어 썼다. 한국계로는 처음으로 허준이 교수가 필즈상 (Fields Medal)을 받았기 때문이었다. 수학 노벨상이라고 불릴 정도로 수학계에서 가장 권위 있는 상이었기에 많은 사람들이 한국의 수학 수준과 수학 교육에 관심을 갖기에 충분했다. 아마도 이 시기에 노벨상에는 물리학, 화학, 생리학/의학, 경제학, 문학, 평화의 여섯 분야만 존재하고 수학은 포함되어 있지 않다는 사실을 처음 알게 된 사람도 많을 것이다.

다이너마이트를 발명한 알프레드 노벨에 의해 시작된 노벨상에 수학 분야가 없는 이유에 대해서는 여러 가지 해석과 논쟁이 분분하다. 실용성을 중시했던 노벨이 인류의 삶에 직접적인 영향을 미치는 물리학, 화학, 의학과 같은 분야와 달리 추상적이고 이론적인 수학 분야는 제외시켰다는 주장이 있다. 노벨의 개인사와 관련된 다른 주장도 있다. 노벨이 사랑한 스웨덴의 여성 수학자가 있는데 그녀는 노벨이 아닌 다른 사람을 사랑했다고 한다. 여성 수학자가 사랑한 사람은 당시 저명한 수학

자인 미타그 레플레르였는데, 만일 노벨 수학상이 있었다면 그에게 돌아
갈 것이 거의 확실해서 노벨이 수학 분야를 제외했다는 거다. 물론 근거
가 있는 이야기는 아니다.

　　노벨상 수상자는 어떻게 정해질까? 노벨상 선정 과정은 매우 엄격
하고 투명하게 진행된다고 한다. 우선 노벨상을 받을 만한 사람이 누
구인지 알아보는 일부터 시작한다. 후보자를 추천해 달라는 안내장을
한 분야당 약 1,000명씩, 총 6,000여 명에게 보내는데, 그 대상은 전년
도 노벨상 수상자들, 해당 분야에서 활동 중인 학자 및 교수들, 학술단
체 직원들이다. 안내장을 받은 사람들은 후보자를 추천하는 상세한 이
유를 적은 추천서를 제출하는데, 자기 자신을 추천하는 사람은 자동
적으로 자격을 상실하게 된다. 이렇게 추천된 후보자는 부문별로 보통
100~250명 정도 된다고 한다. 받은 추천서를 꼼꼼하게 살펴보는 일은
추천 위원회의 몫이다. 노벨상을 받을 자격이 있다고 판단되는 후보자
를 고른 후에는 해당 분야의 전문가들로 구성된 평가 위원회의 엄격한
심사를 거친다. 이 과정을 통해 최종 후보자의 수가 3~5명 정도로 좁혀
진다. 최종 후보자들을 놓고 노벨 재단 이사회 회의에서 비밀 투표로 노
벨상 수상자를 결정한다.

　　사실 노벨상 후보자로 추천된다는 것만으로도 해당 분야에서 업적
을 공식적으로 인정받은 것이라고 볼 수 있다. 독일 출신 미국 물리학자
오토 슈테른(Otto Stern)은 노벨상 후보자로 추천된 횟수가 두 번째로 많

은 사람이다. 총 82번에 걸쳐 노벨상 후보자로 추천되었다. 처음 추천되었던 해는 그의 나이 37세였던 1925년이었다. 이후 1926년을 제외하고 1945년까지 매년 노벨 물리학상 후보자로 추천되었는데, 결국 55세가 된 1943년 물리학상을 받았다. 그를 추천한 사람 중에는 알베르트 아인슈타인, 닐스 보어, 볼프강 파울리, 막스 플랑크, 베르너 하이젠베르크가 있었는데, 모두 노벨 물리학상을 받은 물리학의 대가들이다. 이쯤에서 노벨상 후보자로 추천된 횟수가 제일 많았던 사람은 누구인지 궁금할 것이다. 그 주인공은 독일의 이론 물리학자 아놀드 좀머펠트(Arnold Sommerfeld)이다. 그는 84번에 걸쳐 노벨 물리학상 후보자로 추천되었지만, 안타깝게도 수상에는 실패했다.

숫자 82와 관련된 노벨상 이야기를 나누었으니, 82 자체가 가진 성질도 살펴보자. 82는 연속된 네 자연수의 합으로 나타낼 수 있다.

$$82 = 19 + 20 + 21 + 22$$

또한 82는 4개의 피보나치 수(숫자 55번 글 참조)의 합으로 나타낼 수 있다.

$$82 = 1 + 5 + 21 + 55$$

82를 다음과 같이 두 소수의 합으로도 나타낼 수 있다.

$$82 = 29 + 53$$

그런데 재미있게도 29는 10번째(8+2) 소수, 53은 16번째(8×2) 소수이다.

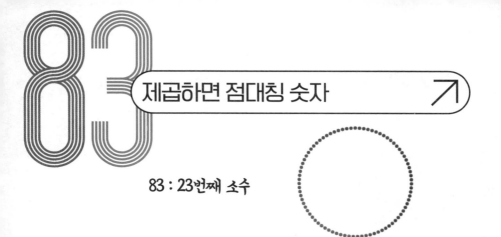

83 제곱하면 점대칭 숫자 ↗

83 : 23번째 소수

숫자 69에서 180°로 돌려 봐도 원래 숫자와 같은 점대칭 숫자에 대해 이야기했다. 특정한 점을 기준으로 도형을 180° 돌려도 원래 도형과 완전히 겹쳐질 때, '점대칭'이라고 한다. 점대칭이 되는 숫자는 0, 1, 6, 8, 9이니까 이 숫자들을 이용해서 더 많은 점대칭 수를 만들 수 있다.

그런데, 숫자 말고 180° 돌렸을 때 같은 형태가 유지되는 단어나 문장은 없을까? 조난 신호로 쓰이는 'SOS', 콩 꼬투리라는 뜻을 가진 단어 'pod'를 예로 들 수 있다. 알파벳 소문자 l, o, s, x, z는 점대칭이다. 또한 b를 180° 회전하면 q가 되고, q를 180° 회전하면 b가 된다. d와 p, m과 w, n과 u도 그러하다. 특정 서체에서는 a와 e, h와 y도 180° 회전했을 때 같은 모양이 되기도 한다. 다음이 그런 예이다.

SWIMS *yeah*

알파벳에만 이런 단어가 있는 건 아니다. 다음 글을 그대로 놓고 읽어 보고 180° 돌려서도 읽어 보자.

허리피라우

이렇게 180° 돌려도 같은 단어로 읽히거나 또 다른 단어로 읽힐 수 있게 만든 문자 디자인을 '앰비그램(ambigram)'이라고 한다. 양방향을 뜻하는 'ambi-'와 '그림'을 뜻하는 'gram'이 합쳐져 양방향으로 읽히는 문자라는 뜻이다. 앰비그램이 세상에 알려지게 된 것은 유명한 삽화작가 피터 뉴엘(Peter Newell)이 남긴 책의 마지막 페이지에 있는 그림 때문이었다. 그는 1893년 출간된 자신의 책《Topsys & Turvys》의 마지막 페이지에 그림 하나를 남겼는데, 똑바로 보면 'Puzzle'이지만, 180° 뒤집어 읽으면 'The End'로 보인다.

이후 사람들은 앰비그램의 신비한 매력에 빠져들어 다양한 언어와 문자, 착시 현상, 여러 가지 대칭 원리를 이용해 앰비그램 작품들을 만들어 기업이나 브랜드 로고, 디자인 작품에 활용했다.

수학에서도 다양한 앰비그램이 존재하는데, 도형만 아니라 수식으로도 가능하다. 다음은 수식으로 만든 앰비그램의 예이다.

(1) $61 - (8 + 8 + 8 + 8 + 8) = (8 + 8 + 8 + 8 + 8) - 19$

(2) $98 \times 99 - (609 + 6969 + 111) = (111 + 6969 + 609) - 66 \times 86$

수식 (1)과 (2)는 양변을 계산해 보면 같은 값이 나와서 수식으로도 옳다.

그런데 숫자 83에서 왜 앰비그램을 소개했을까? 숫자 83 자체는 점대칭 숫자가 아니지만, 83을 제곱하면 점대칭 숫자가 나온다.

$$83^2 = 6889$$

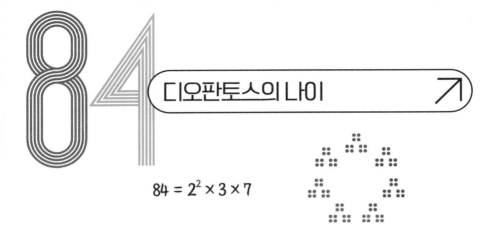

$$84 = 2^2 \times 3 \times 7$$

'미지수'는 알고 싶지만 아직 모르는 수인데, 수학 문제에 □ 또는 알파벳 x로 자주 등장한다. 모르는 수지만 기호로 나타내어 다른 수와의 관계를 수식으로 정리해 나가다 보면 그 값을 알게 된다. 이 과정을 '방정식을 푼다'고 하고, 방정식을 다루는 수학 분야를 대수학이라고 한다. 3세기 말 알렉산드리아에서 활약했던 그리스 수학자 디오판토스는 미지수를 문자로 쓴 최초의 수학자이다. 덕분에 그를 '대수학의 아버지'라고 부른다.

자연수 84는 디오판토스의 생애와 관련된 수수께끼의 답으로 등장하는 수다. 디오판토스의 묘비에는 다음과 같은 그의 생애를 방정식으로 만든 문제가 새겨져 있었고, 그 문제가 기록으로 남아 전해지고 있다.

디오판토스의 묘비

여행자들이여! 이 돌 아래에는 디오판토스의 영혼이 잠들어 있다. 그의 신비스러운 생애를 수로 말해 보겠다. 신의 축복으로 태어난 그는 인생의

$\frac{1}{6}$을 소년으로 보냈다. 그리고 다시 인생의 $\frac{1}{12}$이 지난 뒤 얼굴에 수염이 나기 시작했다. 다시 $\frac{1}{7}$이 지난 뒤 그는 아름다운 여인과 결혼했으며, 결혼한 지 5년 만에 귀한 아들을 얻었다. 아! 그러나 그의 가엾은 아들은 아버지의 반밖에 살지 못했다. 아들을 먼저 보내고 깊은 슬픔에 빠진 그는 4년 동안 정수론에 몰입해 스스로를 위로하다가 일생을 마쳤다.

미지수 x를 처음으로 다루는 중학교 1학년 수학 문제로 이 문제가 종종 등장한다. 디오판토스가 몇 살까지 살았는지 계산하라는 거다. 우리도 디오판토스의 나이를 x로 두고 식을 세워 보자.

소년으로 보낸 시기 = 인생의 $\frac{1}{6}$ = $\frac{1}{6}x$
그 후 수염이 날 때까지의 시간 = 인생의 $\frac{1}{12}$ = $\frac{1}{12}x$
그 후 결혼할 때까지의 시간 = 인생의 $\frac{1}{7}$ = $\frac{1}{7}x$
아들이 살았던 기간 = 인생의 $\frac{1}{2}$ = $\frac{1}{2}x$

이 기간과 아들이 태어나기 전의 5년, 슬픔에 빠져 있던 4년을 더하면 디오판토스의 일생이 되니까 다음과 같이 식으로 쓸 수 있다.

$$\frac{x}{6} + \frac{x}{12} + \frac{x}{7} + 5 + \frac{x}{2} + 4 = x$$

그의 일생이 몇 년이 되는지 알지 못하지만 문자 x로 나타내고 인생의 각 부분을 이에 맞춰 표현하니까 방정식 한 줄로 깔끔하게 정리된다.

이 일차방정식을 풀면 디오판토스의 나이를 알아낼 수 있지만, 여러 분모들을 통분하는 분수 계산은 귀찮으니 간단한 방법으로 풀어 보자. 위의 일차방정식을 만족시키는 x는 '나이'이므로 자연수다. 오른쪽에 있는 x가 자연수이니까 당연히 왼쪽도 자연수다. 그러려면 x는 분수들의 분모인 6, 12, 7, 2의 공배수가 되어야 한다. 12는 2, 6의 배수이니까 간단히 12와 7의 최소공배수를 구하면 84가 된다. 즉, 디오판토스가 84세까지 살았다는 것을 알 수 있다.

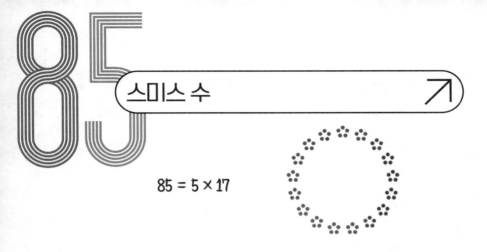

$$85 = 5 \times 17$$

수학자의 관심은 온통 수이다. 우연히 눈에 띈 숫자에서도 특별한 성질과 일정한 규칙을 찾아내는 것이 수학자에겐 일상이다. 캐나다 출신 미국 수학자 앨버트 윌란스키(Albert Wilansky)는 아내의 형제에게 전화를 거는 중에 그 번호가 가진 특별한 성질을 발견했다. 그 번호는 '493-7775'였는데, 중간에 있는 '-'기호를 무시하면 4937775가 된다. 수를 다루는 데 익숙한 수학자였기 때문에 윌란스키는 이 수가 3과 5와 5, 65837의 곱이라는 걸 금방 알아봤다.

$$4937775 = 3 \times 5 \times 5 \times 65837$$

이렇게 소인수분해를 한 다음 양쪽에 있는 숫자들을 더해 보니 왼쪽과 오른쪽 모두 42로 같았다.

$$4+9+3+7+7+7+5 = 42 = 3+5+5+6+5+8+3+7$$

이렇게 소인수분해를 했을 때 나타나는 수를 더한 값이 원래 수의 각 자릿수를 더한 값과 같아지는 성질이 재미있다고 느낀 윌란스키는 이런 성질을 가진 수에 이름을 붙였다. 바로 자신이 발견한 특별한 성질을 가진 전화번호의 주인, 아내의 형제 '해롤드 스미스'의 이름을 딴 '스미스 수(smith number)'라고 말이다.

85를 소인수분해해서 5와 17의 곱으로 나타낼 수 있다. 85의 각 자릿수를 더하면 13이고(8+5), 소인수분해한 5와 17에서 각 자리에 있는 수를 모두 더한 값도 13이다(5+1+7). 따라서 85는 스미스 수이다.

다른 스미스 수도 찾아보자. 우선 한 자릿수 중 어떤 수가 스미스 수인지 찾아보자. 한 자릿수 합성수를 소인수분해해서 쓰고, 그 수들을 더한 값이 원래 수와 같은지 확인해서 스미스 수인지 알아보자.

수	소인수분해	소인수분해 자릿수들의 합	스미스 수 여부
4	2×2	2 + 2 = 4	○
6	2×3	2 + 3 = 5	×
8	2×2×2	2 + 2 + 2 = 6	×
9	3×3	3 + 3 = 6	×
10	2×5	2 + 5 = 7	×

위의 표를 통해 4가 스미스 수임을 확인했을 것이다. 두 자릿수 중에는 22, 27, 58, 85, 94가 스미스 수이다. 정말 스미스 수가 맞는지 다음 표의 빈칸을 채워 확인해 보라. (답은 346쪽 '답 맞추기'에서 확인)

수	원래 수의 각 자릿수 합	소인수분해	소인수분해 자릿수들의 합	스미스 수 여부
22				
27				
58				
85				
94				

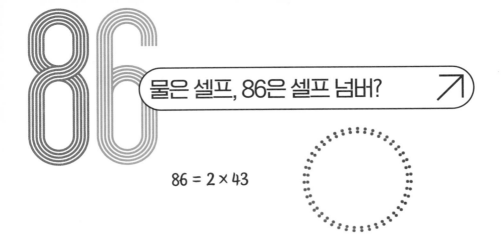

$$86 = 2 \times 43$$

"물과 반찬은 셀프입니다."

식당 벽에 걸려 있는 이런 문구를 한 번쯤 본 적 있을 것이다. 최소한의 직원으로 식당을 운영하다 보니 손님들에게 물 한 잔 내줄 손이 부족해서인지 요즘은 주문까지도 셀프다. 키오스크나 태블릿을 이용해서 손님이 직접 음식을 주문하는 경우가 많다.

사실 '셀프(self)'라는 표현은 어떤 사람의 평상시 모습, 즉 본모습을 가리키거나 자아, 자신을 뜻하기 때문에 '물은 셀프'라는 표현은 올바른 표현이 아니다. 손님이 직접 물을 가져다 먹는다는 의미를 제대로 담으려면 '셀프 서비스(self-service)'로 바꿔 써야 한다.

수 가운데에는 일정한 계산을 통해 다른 수로부터 만들어지는 수가 있다. 주어진 수에 그 수의 각 자릿수를 더하는 계산을 한다고 하자. 33이 주어졌다고 하면, 이 계산을 통해 39를 얻게 된다(33 + 3 + 3 = 39). 39로 같은 계산을 다시 하면 39 + 3 + 9 = 51을 얻는다. 이런 식으로 계산을 반복하면 33, 39, 51, 57, 69, 84, 96, 111, 114, … 등으로 무한히 계속되는 수열을 만들 수 있다. 33으로 39를 얻었기 때문에 33은 39를 만든 '생성자(generator)'이다. 39는 51의 생성자이고, 51은 57의 생성자이다.

어떤 수는 생성자를 2개 이상 갖기도 한다. 즉, 2개 이상의 수로부터 만들어진다는 뜻이다. 다음 식으로부터 101의 생성자는 91과 100, 2개라는 걸 알 수 있다.

$$101 = 100 + 1 + 0 + 0 + 0$$
$$= 91 + 9 + 1$$

그런데 생성자가 없는 경우도 있다. 다른 수로는 만들어지지 않는 수이기 때문에 '자기 수(self number)'라고 이름 붙였는데, 숫자 45에서 등장했던 인도 수학자 카프리카가 1949년에 발견한 수이다. 구체적으로 어떤 수가 자기 수일까?

우선 한 자릿수부터 살펴보자. 2 = 1 + 1, 4 = 2 + 2, 6 = 3 + 3, 8 = 4 + 4이므로 한 자리 짝수는 자기 수가 아니다. 그런데 한 자리 홀수인 1, 3, 5, 7, 9를 만들어 내는 생성자는 찾을 수 없으니 이 수들은 자기 수이다.

다음으로 20보다 작은 두 자릿수 가운데 자기 수가 있는지 찾아보자. 짝수인 10, 12, 14, 16, 18은 각각 5 + 5, 6 + 6, 7 + 7, 8 + 8, 9 + 9이므로 생성자를 가지기 때문에 자기 수가 아니다. 홀수인 11, 13, 15, 17, 19

역시 $10+1+0$, $11+1+1$, $12+1+2$, $13+1+3$, $14+1+4$이므로 자기 수가 아니다. 그런데 20을 만드는 수는 찾을 수 없으므로 두 자릿수 중 처음으로 찾은 자기 수는 20이다. 참고로 21은 $15+1+5=21$, 즉 15라는 생성자가 있고, 22는 $20+2+0=22$, 즉 20이라는 생성자가 있어 자기 수가 아니다. 이런 식으로 100보다 작은 자기 수를 차근차근 찾아보자. 숫자 86이 자기 수라는 것을 발견할 수 있을 것이다.

$$1, 3, 5, 7, 9, 20, 31, 42, 53, 64, 75, 86, 97$$

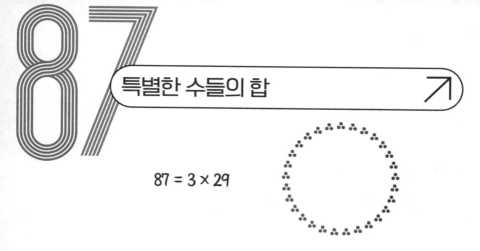

특별한 수들의 합

$$87 = 3 \times 29$$

87은 특별한 수들의 합으로 나타낼 수 있는 수이다. 소수를 크기 순서로 나열했을 때, 처음 4개는 2, 3, 5, 7이다. 이 4개의 소수를 제곱해서 더해 보자.

$$2^2 + 3^2 + 5^2 + 7^2 = 4 + 9 + 25 + 49 = 87$$

이번에는 1부터 10까지 약수를 모두 구해 다음 표에 적고 모든 약수의 합을 계산해 보자.

수	약수	약수의 합	수	약수	약수의 합
1	1	1	6	1, 2, 3, 6	12
2	1, 2	3	7	1, 7	8
3	1, 3	4	8	1, 2, 4, 8	15
4	1, 2, 4	7	9	1, 3, 9	13
5	1, 5	6	10	1, 2, 5, 10	18

$$1 + 3 + 4 + 7 + 6 + 12 + 8 + 15 + 13 + 18 = 87$$

87은 1부터 10의 모든 약수들의 합으로 나타낼 수 있다.

특별한 수들의 합으로 87을 나타내는 방법 한 가지를 더 소개한다. 숫자 55에서 소개한 피보나치 수열을 떠올려 보자. 피보나치 수열의 첫 번째 수는 1, 두 번째 수는 2이고 앞의 두 수를 더해 그다음 수가 되는 규칙을 가진다. 이 규칙을 따라 써 보면 다음과 같은 피보나치 수열을 구할 수 있다.

$$1, 2, 3, 5, 8, 13, 21, 34, 55, 89, 144, \cdots$$

이 수들을 처음부터 차례로 더하면 어떤 값이 되는지 계산하고 일정한 규칙이 있는지 살펴보자.

$$1 + 2 = 3 = 5 - 2$$
$$1 + 2 + 3 = 6 = 8 - 2$$
$$1 + 2 + 3 + 5 = 11 = 13 - 2$$
$$1 + 2 + 3 + 5 + 8 = 19 = 21 - 2$$
$$1 + 2 + 3 + 5 + 8 + 13 = 32 = 34 - 2$$
$$1 + 2 + 3 + 5 + 8 + 13 + 21 = 53 = 55 - 2$$
$$1 + 2 + 3 + 5 + 8 + 13 + 21 + 34 = 87 = 89 - 2$$
$$1 + 2 + 3 + 5 + 8 + 13 + 21 + 34 + 55 = 142 = 144 - 2$$

피보나치 수열의 처음 2개의 수를 더한 값은 4번째 피보나치 수에서 2를 뺀 수이고, 처음 3개의 수를 더한 값은 5번째 피보나치 수에서 2를 뺀 수라는 걸 발견할 수 있다. 여러 개의 수를 더해도 이런 규칙이 계속되는 걸 볼 수 있다. 일반적으로 피보나치 수열 {Fn}의 첫 번째 수부터 n번째 수까지 더한 값은 $(n+2)$번째 피보나치 수에서 2를 뺀 값과 같다. 식으로 나타내면 다음과 같다.

$$F_1 + F_2 + \cdots + F_n = F_{n+2} - 2$$

87은 10번째 피보나치 수 89보다 2만큼 작은 수이기 때문에 피보나치 수열의 처음 8개 수의 합으로 나타낼 수 있다. −

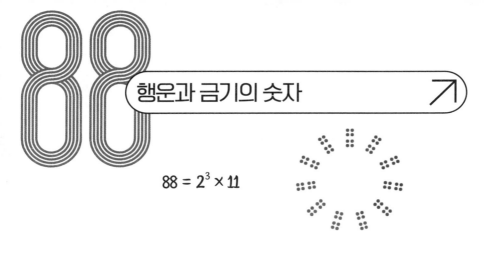

$$88 = 2^3 \times 11$$

88 행운과 금기의 숫자 ↗

흔히 볼 수 있는 사물 중 숫자 88과 관련 있는 것은 피아노이다. 스탠더드 피아노에는 36개의 검은건반과 52개의 흰건반이 있다. 1옥타브는 검은건반 5개, 흰건반 7개의 12음으로 이루어지므로 88개 건반을 가진 피아노는 7옥타브(12×7 = 84) 안의 음을 낼 수 있다.

숫자 88은 우리나라에서는 올림픽을 상징하는 숫자이다. 1988년 제 24회 올림픽이 수도 서울에서 열렸기 때문이다. 올림픽 개최를 앞두고 진행했던 대규모 건설 사업으로 기반 시설이 크게 발전되었다. 올림픽 개최 후 수십 년이 지난 지금도 곳곳에서 '올림픽'이란 단어가 들어가는 도로와 공원, 경기장, 아파트 등을 찾아볼 수 있다.

오래전 일이나 낡은 사고방식, 관습 등을 비판적으로 얘기할 때, "아직도 쌍팔년도 때 이야기를 하니?"와 같은 표현을 쓴다. 여기서 말하는 '쌍팔년도'는 1955년을 뜻한다. 그런데 왜 1955년일까? '쌍팔'이라는 단어로 미루어 볼 때 8이 연이어 있는 88년으로 끝나는 때를 말하는 게 분명할 텐데 말이다. 1962년 이전에는 단군이 고조선을 건국한 해를 기준으로 연도를 세는 단기와 전 세계가 공통으로 쓰는 서기가 함께 사용되었다. 서기 연도에 2333을 더하면 단기가 되는데, 1955년은 단기로는 4288년이다. 확실히 쌍팔년도에는 88이라는 숫자가 들어간다.

한자를 함께 쓰는 일본에서는 한자의 획을 풀어서 새로운 단어를 만드는 경우가 많다. 한 예로 한자 '쌀 미(米)'를 풀어 쓰면 '八十 八'이 나와서 88세를 '미수(米壽)'라고 부른다. 원래는 88세 생일을 축하하는 말로 눈썹이 하얗게 셀 정도로 나이가 많음을 나타내는 '미수(眉壽, 눈썹 미, 목숨 수)'라는 말이 있었는데, 발음이 같고 하얀 색깔을 더욱 드러낸다고 하여 눈썹 미(眉)를 쌀 미(米)로 바꾸어 썼다는 이야기도 있다.

숫자 88은 중국을 비롯한 동양 문화권에서는 행운과 풍요를 상징하는 긍정적인 숫자로 여겨진다. 특히 중국에서 8은 '부를 일으키다, 번창하다'는 뜻을 가진 '발(发)'이라는 단어와 발음이 유사하여 행운과 번영을 상징하고, 숫자 88은 2배의 행운을 의미한다. 이러한 긍정적인 이미지 때문에 88은 중국에서 매우 인기 있는 숫자로, 전화번호나 건물 번호 등에 88을 사용하는 경우가 많다.

그런데 서양에서 숫자 88은 금기의 숫자이다. 알파벳의 여덟 번째 글자가 H이므로 숫자 88을 알파벳으로 나타내면 HH가 된다. 이는 히틀러를 향한 경례, '하일 히틀러(Heil Hitler)'를 뜻하기 때문에 88은 독일의 극단적인 민족주의와 전체주의 사상, 즉 나치즘(Nazism)을 상징하는 숫자로 알려져 있다. 히틀러를 중심으로 한 나치당은 제2차 세계대전을 일으키고 유대인 학살 등 인류 역사상 가장 참혹한 비극을 초래했다. 오늘날 나치즘은 혐오와 편견, 폭력을 상징하는 사상으로 여겨지고 있다. 이러한 이유로 숫자 88은 서양 사회에서 금기의 숫자로 여겨진다. 오스트리아에서는 자동차 번호판에 88을 쓰는 것이 금지되어 있고, 2023년부터 이탈리아 축구 연맹은 88번을 선수 등번호로 사용하는 것을 금지했다. 88이라는 하나의 숫자가 동양과 서양에서 완전히 상반된 의미를 지닐 수 있다는 것이 놀랍기만 하다.

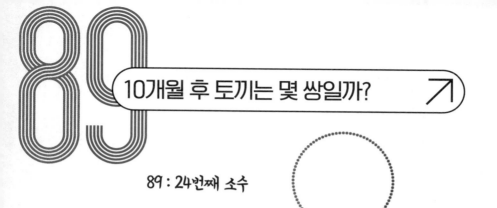

10개월 후 토끼는 몇 쌍일까?

89 : 24번째 소수

13세기 이탈리아 수학자 피보나치는 인도-아라비아 숫자와 그 계산법을 소개하는 수학책을 썼다. 실제 많은 계산을 해야 하는 상인 계층이 이해하기 쉽도록 구체적인 예제를 들어 설명한 책이었기에 이 책은 많은 인기를 얻었고, 덕분에 인도-아라비아 숫자가 유럽에서 자리 잡을 수 있게 되었다. 《산반서》라는 제목의 이 책의 12장에는 다음 문제가 있다.

"어떤 사람이 폐쇄된 공간에서 토끼 1쌍을 기른다. 토끼 1쌍이 한 달 만에 1쌍의 새끼를 낳고, 태어난 토끼들이 1쌍의 새끼를 낳기까지 다시 한 달이 걸린다면, 1년 후 토끼는 모두 몇 마리로 늘겠는가?"

'토끼 문제'라는 별명이 있는 이 문제의 답을 찾아보자. 처음에는 토끼 1쌍이지만, 둘째 달에는 새로운 토끼 1쌍이 태어나 2쌍이 된다. 셋째 달에는 원래 있던 토끼 1쌍이 새로운 토끼 1쌍을 낳아서 총 3쌍이 된다. 넷째 달에는 원래 있던 토끼뿐만 아니라 처음에 태어난 토끼가 자라 새로 토끼 1쌍을 낳기 때문에 총 5쌍이 된다. 매달 토끼가 몇 쌍인지 차분하게 따져 보면 숫자 55에서 나왔던 수열을 얻게 된다.

$$1, 2, 3, 5, 8, 13, 21, 34, 55, 89, 144, 233, 377, \cdots$$

매달 토끼의 수는 이전 두 달의 토끼 수를 더한 값이다($1 + 2 = 3$, $2 + 3 = 5$, $3 + 5 = 8$, $\cdots$). 그래서 토끼 문제의 답은 377쌍이라는 걸 구할 수 있다. 89는 피보나치 수열의 10번째 수, 10개월 후의 토끼 수다. 앞의 두 수를 더해서 새로운 수가 계속해서 만들어지는 피보나치 수열은 재미있는 특징이 아주 많다. 그중 두 가지만 알아보자.

우선 피보나치 수열에서 연속한 수 3개의 합을 구하는 계산을 해 보자.

$1 + 2 + 3 =$	$2 + 3 + 5 =$	$3 + 5 + 8 =$
$5 + 8 + 13 =$	$8 + 13 + 21 =$	$13 + 21 + 34 =$
$21 + 34 + 55 =$	$34 + 55 + 89 =$	$55 + 89 + 144 =$

세 수를 일일이 더했다면, 상대적으로 작은 수를 더하는 처음에는 쉬웠을 거지만 더하는 수가 점점 커지면서 암산하기 힘들었을 수도 있다. 앞의 두 수의 합으로 다음 수를 만드는 피보나치 수열의 성질을 이용했다면 아주 쉽게 답을 구했을 거다. 세 번째 더하는 수에 2를 곱한 값이 바로 답이 되니까 말이다.

앞에서 소개한 피보나치 수열은 처음 두 수가 1과 2이고, 앞의 두 수를 더해 다음 수를 만드는 규칙을 가졌다. 그런데 1과 2가 아니라 다른 수로 시작해도 피보나치 수열과 매우 비슷한 성질을 가진다. 시작하는 두 수를 a와 b라 할 때, 앞의 두 수를 더해 다음 수를 만드는 규칙을 적용해서 아래와 같은 수열을 만들 수 있다.

a

b

$a+b$

$a+2b$

$2a+3b$

$3a+5b$

$5a+8b$

$8a+13b$

$13a+21b$

$21a+34b$

새로 만들어지는 수열에서 a와 b의 계수가 피보나치 수열에 나오는 수라는 것을 눈치챘는가? 앞의 두 수를 더해 다음 수를 만드는 규칙이 피보나치 수열을 만들어 가는 거다.

순식간에 계산 천재가 될 수 있는 숫자 89의 성질 하나를 소개하며 끝낼까 한다. 1부터 9까지 숫자를 차례대로 늘어놓은 수 123456789에 89를 곱한 값은 얼마일까? 10부터 1까지를 거꾸로 늘어놓되, 중간에 3이 올 자리에 2를 넣어야 한다. 즉, 10987654221이 답이다.

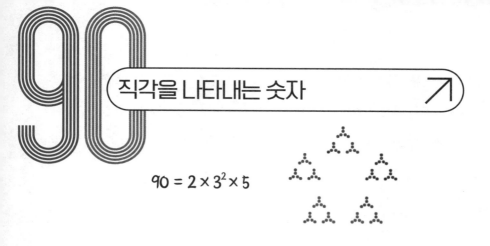

$$90 = 2 \times 3^2 \times 5$$

수학 교과서에서 90이라는 숫자가 가장 많이 등장하는 부분은 어디일까? 바로 도형에 관한 부분이다. '직각'과 '직각삼각형', '수직', '수선' 등은 숫자 90과 깊은 연관이 있는 단어이다. 두 직선이 이루는 각이 90°일 때, 두 직선이 이루는 각은 '직각'이며, 두 직선은 '서로 수직'이라고 한다. 즉, 90°가 직각인 거다. 그런데 왜 직각은 90°일까?

고대 바빌로니아 사람들은 지구가 태양을 한 바퀴 도는 데에 360일이 걸린다고 생각했다. 당시에는 바닥에 큰 원을 그린 다음, 그 원을 따라 태양이 지나는 길을 표시해서 날짜를 계산했기 때문에 자연스럽게 원의 중심각도 360°로 정하게 되었다. 그렇다 보니 원을 4등분해서 얻어지는 직각이 360을 4로 나눈 90°가 되었다.

직각은 도형을 다룰 때에 매우 중요한 기준이 된다. 간단한 예를 들어 설명해 보자. 직선 l이 있고, 직선 밖에 한 점 A가 있다고 하자. 점 A로부터 직선 l까지의 거리를 어떻게 구할까?

우선 구하려고 하는 '거리'가 무엇인지 정확하게 짚는 것부터 시작하

자. 두 점 A, B 사이의 거리는 둘 사이를 잇는 무수히 많은 선 중 길이가 가장 짧은 선인 선분 AB의 길이를 말한다.

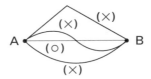

그렇다면 점 A로부터 직선 l까지의 거리는 점 A와 직선 l을 잇는 선분을 찾고 그 길이를 재면 구할 수 있다. 그런데 문제가 있다. 점 A와 직선 l을 잇는 선분은 다음 그림과 같이 무한히 많다.

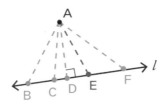

이렇게 무한히 많은 선분 중에서 어느 것을 골라야 할까? 단 하나의 선분을 고를 수 있는 명쾌한 기준은 무엇일까? 점 A를 지나는 직선이 직선 l과 이루는 각이 직각, 즉 90°가 되는지를 기준으로 삼으면 된다. 즉 선분 AD가 점 A와 직선 l을 잇는 가장 짧은 선이다. 이 경우, 점 A와 점 D를 잇는 직선은 직선 l에 수직인 직선(간단히 '수선')이 되고, 점 D를 점 A에서 직선 l에 내린 '수선의 발'이라고 한다.

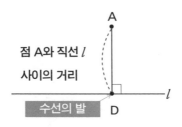

점 A와 직선 *l*
사이의 거리

수선의 발 D

그러면 이번엔 원 밖의 점 A에서 원까지의 거리에 대해 생각해 보자.

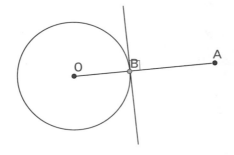

점 A에서 원 위의 점에 그을 수 있는 선분은 무수히 많지만, 그중 가장 짧은 것은 점 A와 원의 중심을 잇는 선분이 원과 만나는 점 B를 이은 것이다. 이때, 원 위의 점 B를 지나는 접선은 선분 AB와 $90°$, 즉 직각을 이루는 것을 볼 수 있다. 이렇게 직각은 '거리'라는 중요한 개념을 정하는 기준이 된다.

택시 번호 1729와 관련된 숫자

$$91 = 7 \times 13$$

　입시를 위한 수단으로만 쓰이는 수학이 아니라 수학이 지닌 아름다움을 보여 주며 이를 추구하는 수학자들의 열정을 다룬 다양한 영화, 드라마가 만들어져 왔다. 〈굿 윌 헌팅(1998)〉, 〈박사가 사랑한 수식(2006)〉, 〈용의자 X의 헌신(2009)〉, 〈멜랑꼴리아(2021)〉, 〈이상한 나라의 수학자(2022)〉와 같은 작품들은 수학과 수학자의 삶을 생생하게 그려 내고 있다. 여기에 영화 〈무한대를 본 남자(2016)〉라는 작품 하나를 더하고 싶다. 이 영화는 인도의 천재 수학자 스리니바사 라마누잔과 그의 천재성을 알아보고 영국 케임브리지 대학으로 초청한 고드프리 해럴드 하디의 이야기를 다뤘다.

　라마누잔은 정규 교육을 받지 않고 독학으로 수학에 대한 놀라운 능력을 키운 천재였다. 정리와 증명을 최우선으로 여기는 영국 수학계의 풍토는 수학적 직관과 창의성을 지닌 라마누잔을 이해하지 못했지만, 하디는 그와 함께 연구를 진행하면서 라마누잔이 학계에 받아들여지도록 애썼다. 고향과 너무도 다른 환경에서 연구에 몰두하다 병을 얻은 라마누잔이 요양원에 있을 때, 하디가 택시를 타고 병문안을 왔다.

만나면 숫자에 관해 이야기하는 것이 수학자들의 버릇이었나 보다. 당시의 상황에 대해 하디는 이렇게 이야기했다.

한 번 병문안 갔던 것을 기억한다. 내가 타고 간 택시 번호는 1729번이었는데, 그 번호가 다소 무미건조하게 느껴졌다. 그 번호가 불길한 징조가 아니길 바란다고 말했더니, 라마누잔은 "아니요"라고 대답하며 설명을 덧붙였다. "1729는 매우 흥미로운 숫자인데요! 두 가지 다른 방식으로 두 세제곱수의 합으로 표현할 수 있는 가장 작은 수예요!"

하디와 라마누잔의 대화가 잘 이해되지 않는다면, 1729를 나타낸 다음 식이 도움이 될 거다.

$$1729 = 13 \times 133 = 12^3 + 1^3 = 9^3 + 10^3$$

하디는 1729가 13이 계속해서 나오는 두 수의 곱으로 표현되는 것이 불길한 징조가 아니길 바란다고 이야기한 것이다. 1729가 12와 1, 9와 10의 세제곱의 합으로 나타낼 수 있는 가장 작은 수라는 라마누잔의 답변은 그의 천재성을 보여 준다고 하는데, 사실 정수의 성질을 계속해서 연구하던 라마누잔이 이미 1729의 성질을 알고 있었고, 우연히 하디가 그 수를 언급한 것이라고 보기도 한다.

숫자 91에 대한 이야기는 하지 않고 왜 1729에 대해서만 계속 언급하는지 의아하게 여길 수도 있겠다. 사실 1729는 91과 매우 관련이 깊은 수이다. 1729를 앞과 다른 방법으로 나타내 보면, 19와 19를 뒤집은 91의 곱으로 나타낼 수 있다.

$$1729 = 19 \times 91$$

1729는 자연수 2개의 세제곱의 합으로 나타낼 수 있는 방법이 두 가지인 수 중에서 가장 작은 수이다. 이와 같은 수들을 '하디-라마누잔 수' 또는 '택시 수(taxicab number)'라고 부르게 되었다. 정수까지 범위를 확장하면 '캡택시 수(cabtaxi number)'라고 하는데, 바로 91이 그런 성질을 만족한다.

$$91 = 3^3 + 4^3 = 6^3 + (-5)^3$$

또한 91을 제곱수의 합으로 나타내는 방법은 세 가지나 된다.

$$91 = 1^2 + 2^2 + 3^2 + 4^2 + 5^2 + 6^2$$
$$= 1^2 + 4^2 + 5^2 + 7^2$$
$$= 1^2 + 3^2 + 9^2$$

마지막 수식을 통해 91이 9진법, 3진법으로 나타냈을 때 앞으로 읽어도, 거꾸로 읽어도 똑같은 수라는 것을 알 수 있다.

$$91 = 1 \times 9^2 + 1 \times 9^1 + 1 \times 9^0 = 111_{(9)}$$
$$= 1 \times 3^4 + 1 \times 3^2 + 1 \times 3^0 = 10101_{(3)}$$

1729는 하디와 라마누잔의 우정을 상징하는 수라고 할 수 있고, 91은 1729와 깊은 관련을 가진 수라는 것을 보았다. 그럼 이 두 사람의 마지막은 어땠을까? 1918년 라마누잔은 영국 왕립학회 회원 자격을 얻었지만, 병이 깊어져 이듬해 인도로 돌아가게 되었다. 고향에서도 병은 낫지 않았고 그는 결국 1920년 세상을 떠나고 만다. 하디는 라마누잔의 뛰어난 재능을 인정하며 "나는 라마누잔을 만난 이후로 수학에 대한 나의 모든 업적이 그의 발견에 비해 하찮게 느껴진다"고 말했다. 수학자 에르되시 팔이 말년의 하디에게 질문을 던졌다. "선생님이 남긴 업적 중에서 가장 대단한 것이 무엇입니까?" 그의 대답은 이랬다. "그거야 당연히 라마누잔을 발견한 일이지."

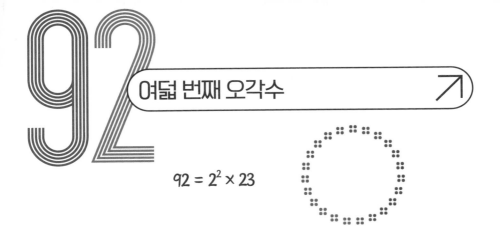

$$92 = 2^2 \times 23$$

앞에서 삼각수, 사각수, 육각수(숫자 66번 글 참조)에 대해 알아봤으니 이번에는 오각수에 대해 알아보자. 오각수는 오각형 모양을 만드는 점의 개수를 말한다. 다음 그림과 같이 오각형이 하나의 꼭짓점을 공유하면서 한 변에 있는 점의 개수가 n개가 되도록 배열할 때의 점의 개수가 n번째 오각수이다.

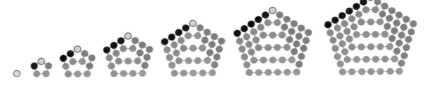

첫 번째와 두 번째 오각수가 1과 5라는 것은 당연하다. 그런데 세 번째 오각수는 얼마일까? 두 번째 오각수 5에 한 변에 있는 점의 개수가 3개가 되도록 7개의 점을 더했으니까 12라는 걸 알 수 있다(5 + 7 = 12). 네 번째 오각수도 위의 그림에서 점의 개수를 세면 구할 수 있다. 그런데 매번 오각형 모양을 그리고 점의 개수를 일일이 세어 구할 수는 없는 일이다. 한 변에 있는 점의 개수가 커질수록 세는 일이 힘들어질 테니까 말이다. 오각수의 성질을 알면 직접 세지 않고도 알 수 있지 않을까?

오각수를 나타낸 위의 그림을 자세히 관찰해 보자. 우선, 고정된 노란색 점이 있고 검정색 점이 하나씩 늘어 가면서 노란색과 검정색 점의 개수로 몇 번째 오각수인지 알 수 있다. 또한 파란색, 빨간색, 보라색으로 표시된 점들이 같은 개수로 일정하게 늘어 가며 더해지는 것을 볼 수 있다. 혹시 이렇게 늘어나는 파란색, 빨간색, 보라색 점들이 삼각수라는 것도 눈치챘는가? 두 번째 오각수에는 파란색, 빨간색, 보라색 점이 하나씩 있는데, 이는 첫 번째 삼각수이다. 세 번째 오각수에는 두 번째 삼각수인 3을 나타내는 점들이 세 가지 색으로 있다. 네 번째 오각수에는 세 번째 삼각수인 6을 나타내는 점들이 세 가지 색으로 있다. 다섯 번째, 여섯 번째, 일곱 번째 오각수에 각각 네 번째, 다섯 번째, 여섯 번째 삼각수가 세 가지 색으로 있는 것을 볼 수 있다. 이를 다음과 같이 식으로 나타낼 수 있다.

$$n번째\ 오각수 = n + 3 \times (n-1)번째\ 삼각수$$

그런데 우리는 숫자 36번 글에서 n번째 삼각수는 1부터 n까지의 합과 같고, 이를 다음과 같은 공식으로 구할 수 있다고 했다.

$$1 + 2 + \cdots + n = \frac{1}{2}n(n+1)$$

이를 이용해서 n번째 오각수를 구하는 공식을 구하면 다음과 같다.

$$n번째\ 오각수 = n + 3 \times \frac{1}{2}(n-1) \times n = \frac{n(3n-1)}{2}$$

위의 식에서 n에 1, 2, 3, 4, 5, 6, 7, 8, 9를 넣어서 오각수를 구해 보자.

$$1, 5, 12, 22, 35, 51, 70, 92, 117$$

92는 여덟 번째 오각수이며 두 자릿수 중 가장 큰 오각수라는 것을 알 수 있다.

오각수와 삼각수 사이에는 어떤 관계가 있을까? 오각수를 나타내는 앞의 그림을 다시 한번 잘 보자. 이번에는 노란색, 검정색 점과 파란색 점을 하나로 묶어서 보라. 이 점들이 n번째 삼각수가 된다는 것을 눈치챘는가? 이 사실을 이용하면 오각수와 삼각수 사이에는 다음과 같은 관계가 있음을 알 수 있다.

$$n번째\ 오각수 = n번째\ 삼각수 + 2 \times (n-1)번째\ 삼각수$$

오각수의 성질에 대해 생각해 본 사람이라면 육각수, 칠각수, 팔각수, …, 일반화해서 m각수와 삼각수의 관계도 생각해 볼 수 있을 거다. 아

래 빈칸에 들어갈 적당한 식을 찾는 문제에 도전해 보자! (답은 346쪽 '답

맞추기'에서 확인)

$$n\text{번째 } m\text{각수} = n\text{번째 삼각수} + \boxed{} \times (n-1)\text{번째 삼각수}$$

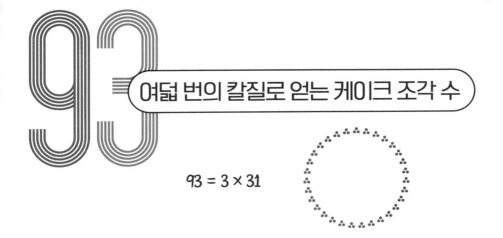

여덟 번의 칼질로 얻는 케이크 조각 수

$$93 = 3 \times 31$$

    둥근(원기둥 모양) 케이크 하나를 칼로 잘라 나눠 먹는다고 하자. 이때 칼질은 직선으로만 한다. 나눠지는 케이크 조각이 가장 많도록 칼질을 하는 경우를 생각해 보자.

    일단, 칼질을 하지 않으면, 즉 0번 하면 케이크는 그 자체로 1조각이다. 한 번 칼질하면 2조각으로 나눠진다. 두 번 칼질하면 최대 4조각이 얻어진다. 세 번 칼질로 얻을 수 있는 최대 조각 수는 얼마일까? 다음 그림과 같이 세 번 칼질로 최대 8개 조각을 얻을 수 있다. 그렇다면 일반화해서 n번 칼질로 얻을 수 있는 최대 조각 수는 얼마일까?

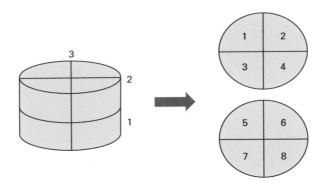

이 문제는 연립방정식을 이용해서 풀어 볼 수 있다. n번 칼질했을 때의 최대 조각 수를 n에 대한 다항함수 $P(n)$으로 나타내면 다음과 같다.

$$P(n) = an^3 + bn^2 + cn + d$$

위의 식에 $n = 0, 1, 2, 3$을 대입하면 다음 식을 얻는다.

$$P(0) = d = 1$$
$$P(1) = a + b + c + 1 = 2$$
$$P(2) = 8a + 4b + 2c + 1 = 4$$
$$P(3) = 27a + 9b + 3c + 1 = 8$$

이 식들을 연립해서 a, b, c, d의 값을 구할 수 있다.

$$a = \frac{1}{6}$$
$$b = 0$$
$$c = \frac{5}{6}$$
$$d = 1$$

따라서 n번 칼질로 얻는 최대 조각 수 $P(n) = \frac{1}{6}(n^3 + 5n + 6)$이다.

이 식에 $n = 0, 1, 2, 3, \cdots$ 을 넣어 구체적인 값을 구해 보면 1, 2, 4, 8, 15, 26, 42, 64, 93, 130, 176, 232, $\cdots$ 를 얻는다. 이 수들을 '케이크 수(cake number)'라고 부른다.

대부분의 많은 수학 문제들이 그러하듯, 케이크 수를 구하는 방법은 하나가 아니다. 앞서 숫자 11에서 이야기했던 파스칼의 삼각형을 이용하는 방법도 있다.

$$
\begin{array}{ccccccccc}
& & & & 1 & & & & \\
& & & 1 & & 1 & & & \\
& & 1 & & 2 & & 1 & & \\
& & 1 & 3 & & 3 & 1 & & \\
& 1 & & 4 & 6 & 4 & & 1 & \\
& 1 & 5 & 10 & & 10 & 5 & 1 & \\
1 & 6 & 15 & & 20 & & 15 & 6 & 1 \\
1 & 7 & 21 & 35 & & 35 & 21 & 7 & 1 \\
1 & 8 & 28 & 56 & 70 & 56 & 28 & 8 & 1
\end{array}
$$

파스칼의 삼각형에서 맨 위의 줄을 0번째 줄이라고 했을 때 0번째 줄의 수는 1인데, 이는 0번 칼질했을 때 최대 조각 수 1, 즉 $P(0)$와 같다. 또한 첫 번째 줄에 있는 1과 1을 더한 값 2는 한 번 칼질했을 때의 최대 조각 수, 즉 $P(1) = 2$와 같다. 두 번째 줄에 있는 수를 모두 더한 값 $1 + 2 + 1 = 4$는 $P(2)$와 같고, 세 번째 줄에 있는 수를 모두 더한 값

$1+3+3+1=8$은 $P(3)$과 같다. 네 번째 줄부터는 왼쪽부터 4개의 수를 더해 보자. 그러면 네 번째 줄의 처음 4개 수의 합은 $1+4+6+4=15$는 $P(4)$와 같고, 다섯 번째 줄의 처음 4개 수의 합은 $1+5+10+10=26$으로 $P(5)$와 같음을 알 수 있다.

이와 같은 방법으로 여덟 번 칼질했을 때 생기는 케이크의 최대 조각 수, 즉 여덟 번째 케이크 수를 구하면 $1+8+28+56=93=P(8)$임을 알 수 있다.

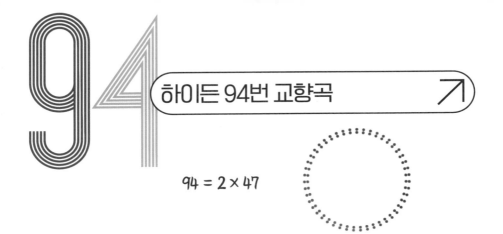

하이든 94번 교향곡 ↗

$$94 = 2 \times 47$$

누구나 한 번쯤 이름을 들어 봤을 유명한 음악가에 대한 숫자 퀴즈로 시작해 보자. 모차르트는 41, 베토벤은 9, 슈베르트도 9, 브람스는 4, 하이든은 108. 이 숫자들은 어떤 숫자일까? 각 음악가가 작곡한 교향곡의 개수이다.

언급한 음악가 중 하이든이 가장 연장자이다. 그는 고전주의 음악을 대표하는 음악가로, 교향곡의 형식을 정리하고 수많은 곡을 남겨 '교향곡의 아버지'라고 불린다. 그가 다른 음악가에 비해 108개라는 월등히 많은 교향곡을 남길 수 있었던 비결은 77세까지 장수했기 때문이다. 30대의 나이에 일찍 세상을 떠난 모차르트나 슈베르트, 각각 57년, 64년 동안 세상에 있었던 베토벤과 브람스에 비해 하이든은 오랫동안 작곡에 몰두할 수 있었다.

하이든의 교향곡은 대개 4악장 구조로 이루어졌다. 빠른 소나타 형식의 1악장 다음에 서정적이고 느린 2악장, 미뉴엣과 트리오가 포함된 3악장이 이어지고, 4악장은 다시 빠른 곡으로 마무리 짓는 형식이다. 모차르트와 교류를 가졌고, 베토벤을 직접 가르친 하이든이었기에 후대 음악가에 대한 그의 영향은 클 수밖에 없었다.

하이든의 108개 교향곡 중 94번에 해당하는 곡은 어떤 곡일까? 하이든은 50세가 넘어서 국제적 명성을 얻기 시작했는데, 특히 영국에서 큰 인기를 얻었다고 한다. 하이든은 런던의 청중을 위해 교향곡 12곡을 썼는데, 그중 하나인 교향곡 94번은 독특한 악보 구성을 가지고 있다. 이에 관한 재미있는 이야기가 있다.

하이든은 런던에서 열린 연주회에서 직접 이 곡을 지휘했는데, 당시 관객들은 지루함에 지쳐 졸고 있었다고 한다. 이를 본 하이든은 관객들을 깨우기 위해 느린 곡이 오는 2악장에 큰 소리가 나는 타악기인 팀파니를 집어넣었다. 잔잔한 선율이 흐르다가 갑자기 이어진 천둥과 같은 엄청난 소리에 관객들은 깜짝 놀라 잠에서 깨어나 곡에 집중하게 되었고, 이후로 이 곡에는 〈놀람 교향곡(Surprise Symphony)〉이라는 이름이 붙게 되었다고 한다.

이 곡에 대한 또 다른 이야기가 있다. 당시 같은 시기에 런던에서 연주회를 여는 제자가 있었는데, 하이든은 제자에게 뒤지지 않기 위해 독특하고 기억에 남는 곡을 만들려고 했다. 그 결과 탄생한 곡이 놀람 교향곡이라는 이야기다. 하지만 하이든의 회고록에 실린 이 곡에 대한 설명은 조금 다르다. 하이든 본인의 설명으로는 단순히 졸고 있는 관객을 깨우기 위해 팀파니 연주를 넣은 게 아니라, 곡에 긴장감과 역동성을 더하려는 의도였다고 한다. 하이든이 평소 유머가 넘치는 밝은 성격이었다는 것을 고려하면 어떤 설명이 더 사실에 가까울지 판단할 수 있을 것이다.

하이든 교향곡 94번에 대한 이야기에 이어 94가 가진 놀라운 수학적 성질도 살펴보자. 94의 약수는 아래와 같다.

$$1, 2, 47, 94$$

이 수 가운데 소수인 것을 모두 더해 어떤 수가 나오는지 살펴보라. 그 수와 94는 어떤 관계가 있는가? 바로 49이다. 94를 거꾸로 쓰면 49가 된다!

94를 이루고 있는 숫자 9와 4는 둘 다 제곱수이다. 그런데 94번째 소수는 491이다. 이 수를 이루는 4, 9, 1도 모두 제곱수이다!

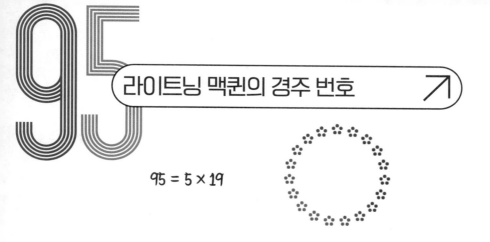

라이트닝 맥퀸의 경주 번호

$$95 = 5 \times 19$$

　빨간 자동차가 그려진 100피스 직소 퍼즐. 어린이날에 선물을 받을 수 있다는 놀라운 사실을 알게 된 일곱 살 조카가 당당하게 요구했던 선물이었다. 자동차를 좋아하는 남자아이들이 많아서인지 빨간 자동차가 그려진 퍼즐을 대형 서점에서 쉽게 구해서 좋은 이모 노릇을 할 수 있었다.

　조카가 콕 짚은 '빨간 자동차'는 애니메이션 〈카(2006)〉의 주인공이다. 그의 이름은 '라이트닝 맥퀸', 번개처럼 빨리 달린다는 뜻이다. 그런데 '맥퀸'이라는 성은 이 영화가 제작에 들어가기 전에 암으로 사망한 픽사(Pixar)의 애니메이터 글렌 맥퀸에게서 따왔다고 한다. 또한 주인공이 달고 있는 경주 번호는 95번이다. 원래는 픽사의 CCO 존 래스터가 태어난 해인 1957년을 따라 57로 하려 했는데, 픽사가 〈토이스토리〉를 출시한 1995년을 기념하기 위해 95로 확정했다고 한다. 〈토이스토리〉라는 작품이 얼마나 큰 의미를 지니기에 주인공 빨간 자동차의 번호가 숫자 95로 확정되었을까?

　〈토이스토리〉는 최초의 3D 애니메이션 장편 영화이다. 이전에는 손으로 직접 그림을 그리거나 부분적으로 컴퓨터 프로그램을 이용해 만든 이미지를 이용했지만, 〈토이스토리〉의 모든 이미지는 컴퓨터를 이용해 만든 3D 이미지였다. 2D 방식으로는 불가능했던 사실적인 캐릭터 움직임과 배경 표현은 관객들에게 신선한 충격을 주었다. 이 영화에 사용되었던 컴퓨터 그래픽 기술은 이후 3D 기술의 표준으로 자리 잡게 되었다. 그렇다고 단순히 화려한 영상만을 선보이는 영화가 아니었다. 인간의 감정을 가진 장난감이라는 독특한 설정을 통해 우정, 성장, 상실 등 다양한 주제를 다루며 깊이 있는 메시지를 전달했다. 만화 영화는 어린아이들을 위한 것이어서 평면적이고 단순하다는 고정관념을 깨는 이런 스토리텔링 방식은 이후 애니메이션 작품에도 큰 영향을 미쳤다.

〈토이스토리〉는 전 세계적으로 엄청난 흥행을 거두며 1995년에 가장 많은 돈을 벌어들인 영화가 되었다. 작품 주인공 이름에 함께 일하던 동료를 추모하는 마음을 담고, CCO 한 사람에게만이 아닌 회사 전체에 의미 있는 숫자를 정하는 회사가 만든 애니메이션이라서 사람들이 좋아했던 게 아닐까 싶다.

만화 영화만큼 재미있지는 않겠지만, 95가 가진 나름 재미난 수학적 성질도 살펴보자.

우선, 95는 연속하는 7개 소수의 합으로 나타낼 수 있다.

$$95 = 5 + 7 + 11 + 13 + 17 + 19 + 23$$

95를 18진법으로 나타내면 각 자리 숫자가 똑같은 브라질 수이다.

$$95 = 90 + 5 = 5 \times 18 + 5 = 55_{(18)}$$

95는 5와 19의 곱이므로 분명히 소수는 아니지만, 소수에 관심이 많은 사람들은 95와 관련된 다음과 같은 소수를 찾아냈다.

95의 0부터 6제곱까지 거듭제곱의 합은 소수이다.
$$95^0 + 95^1 + 95^2 + 95^3 + 95^4 + 95^5 + 95^6 : 소수$$

95의 0부터 522제곱까지 거듭제곱의 합은 소수이다.
$$95^0 + 95^1 + 95^2 + 95^3 + \cdots + 95^{521} + 95^{522} : 소수$$

홀수인 합성수를 95부터 시작해서 9까지 계속 붙여서 만들어지는 수도 소수이다.

95939187858177756965635755514945393533272521159

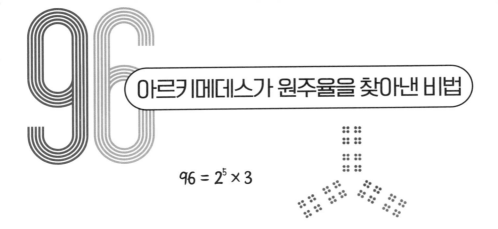

아르키메데스가 원주율을 찾아낸 비법

$$96 = 2^5 \times 3$$

원의 둘레와 넓이를 구할 때마다 등장하는 수가 있다. 바로 3.14이다. 원의 둘레는 지름에 3.14를 곱해 구하고, 원의 넓이는 반지름을 두 번 곱한 뒤, 3.14를 곱해 구한다. 곱셈을 잘하더라도 소수 둘째 자리까지 있는 이 수를 곱하는 과정은 지루하고 귀찮기 마련이다. 도대체 3.14는 어떤 수이길래 원과 관련된 계산에 자꾸 등장하는 걸까?

둥근 틀에 축을 달아 돌아가게 만든 도구가 바퀴다. 고고학자들에 따르면 바퀴는 기원전 4000년경에 처음 사용되었다고 한다. 인류는 바퀴를 이용하면서 무거운 짐을 먼 곳까지 쉽게 옮길 수 있었고, 바퀴가 달린 탈것을 만들어 먼 곳까지 빠르게 이동할 수 있게 되었다. 원의 성질을 제대로 알지 못했다면 바퀴를 발명할 수 없었을 것이다.

실제로 고대 바빌론 문명에서는 원둘레와 지름의 비율이 특정한 값을 가진다는 것을 알고 있었고, 그 값을 3으로 계산했다. 원둘레와 지름의 비율을 간단히 줄여 '원주율'이라고 하고 그리스 문자 π(파이)를 이용해 나타낸다. 그리스에서는 '아르키메데스의 수'라고 부르기도 하는데,

아르키메데스가 보다 정확한 원주율을 계산했기 때문이다.

아르키메데스는 원 안과 밖에 접하는 정다각형을 그려서 보다 정확한 π 값을 구했다. 원둘레는 원 안에 접하는 정다각형 둘레보다는 길고, 원 밖에 접하는 정다각형의 둘레보다는 짧다는 사실을 이용한 것이다. 처음에는 6각형에서 시작해서 12각형, 24각형, 48각형, 96각형으로 변의 수를 2배씩 늘려 갔다. 변의 수가 늘어날수록 원에 가까워져서 96각형의 둘레 길이는 원둘레와 거의 차이가 없다. 이 방법으로 아르키메데스는 π 값이 $3\frac{10}{71}$보다 크고 $3\frac{1}{7}$보다는 작다는 것($3\frac{10}{71} < \pi < 3\frac{1}{7}$)을 밝혀내고 $\frac{22}{7}$를 원주율의 근삿값으로 사용했다. 이 값은 3.142857로 오늘날 우리가 사용하는 π 값 3.141592와 거의 같다.

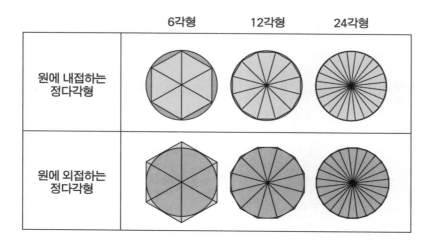

	6각형	12각형	24각형
원에 내접하는 정다각형			
원에 외접하는 정다각형			

이후에도 많은 수학자들이 더 많은 소수점 아래 자리까지 계산하며 정확한 π 값을 구하기 위해 애썼는데, 1767년 독일 수학자 람베르트가 π가 무리수임을 증명함으로써 아무리 계산해도 끝이 없다는 게 알려졌다.

96과 관련된 문제도 풀어 보자. 96은 100보다 4만큼 작은 수인데, 마침 100과 4 모두 제곱수이다. 그래서 96은 다음과 같이 두 제곱수의 차로 나타낼 수 있다.

$$96 = 100 - 4 = 10^2 - 2^2$$

이렇게 두 제곱수의 차로 96을 나타내는 방법이 세 가지나 더 있다. 다음의 합과 차에 관한 곱셈공식을 이용하여 찾아보자.

$$(a+b)(a-b) = a^2 - b^2$$

$$
\begin{aligned}
96 &= 16 \times 6 = (11+5)(11-5) = 11^2 - 5^2 \\
&= 24 \times 4 = (14+10)(14-10) = 14^2 - 10^2 \\
&= 48 \times 2 = (25+23)(25-23) = 25^2 - 23^2
\end{aligned}
$$

사실 96은 두 제곱수의 차로 나타내는 방법이 네 가지가 되는 수 중 가장 작은 수이다!

특별한 순환소수를 만드는 숫자 ↗

97 : 25번째 소수

분수 $\frac{1}{2}$, $\frac{1}{3}$, $\frac{1}{4}$, $\frac{1}{5}$, …에서 분자에 있는 1을 분모에 있는 수로 나누면 소수(일의 자리보다 작은 자릿값을 가진 수)로 나타낼 수 있다. 예를 들어 $\frac{1}{2}$ = 0.5, $\frac{1}{3}$ = 0.33333…(3이 무한히 계속된다), $\frac{1}{4}$ = 0.25, $\frac{1}{5}$ = 0.2와 같이 말이다. 그런데 $\frac{1}{2}$, $\frac{1}{4}$, $\frac{1}{5}$는 소수점 아래에 있는 수가 하나 또는 둘로 딱 떨어지는데, 왜 $\frac{1}{3}$은 무한히 많을까? 그 이유는 우리가 10진법을 쓰기 때문이다. 자연수 n이 2와 5 외에 다른 소인수를 가지면, $\frac{1}{n}$은 소수점 아래에 일정한 수들이 무한히 반복해서 나타난다. 이런 소수를 순환소수라고 하고, 반복되는 부분을 순환마디라고 한다. $\frac{1}{3}$은 3이라는 수가 계속 반복되니까 순환마디가 한 자리인 순환소수이다.

n과 $\frac{1}{n}$의 순환마디 길이에는 특별한 규칙이 있지 않지만, $\frac{1}{n}$의 순환마디가 $(n-1)$자리일 때는 특별한 규칙이 있다. $\frac{1}{7}$을 예로 들어 그 규칙을 살펴보자.

$$\frac{1}{7} = 0.\dot{1}4285\dot{7} \ (\text{순환마디 여섯 자리})$$

$\frac{1}{7}$의 순환마디를 이등분하자. 순환마디가 여섯 자리이므로 세 자리씩 끊어서 보면 142와 857이 된다. 이 두 수를 더하면 얼마가 되는가?

하나 더 예를 들어 보자. $\frac{1}{17}$ 을 소수로 나타내면 16자리의 순환마디를 갖는 순환소수가 된다.

$$\frac{1}{17} = 0.\dot{0}58823529411764\dot{7} \ (\text{순환마디 16자리})$$

이번에도 순환마디를 이등분해서 나오는 두 수 05882352와 94117647을 더하면 99999999가 된다. 순환마디에 있는 수들이 아무런 규칙 없이 배열된 것처럼 보이지만, 사실은 더해서 9가 되는 일정한 규칙으로 배열되어 있다는 것을 알 수 있다.

$\frac{1}{n}$의 순환마디가 $(n-1)$자리가 되는 수는 앞에서 살펴본 7과 17 외에 19, 23, 29, 47, 59, 61, 97이 있다. 다음은 $\frac{1}{97}$ 을 소수로 나타낸 것이다. 순환마디가 96자리인 $\frac{1}{97}$ 도 위에서 말한 규칙을 만족하는지 확인해 보라.

$$\frac{1}{97} = 0.\dot{0}103092783505154639175257731958762886597938144329896907216494845360824742268041237113402061855 6\dot{7}$$

이제 숫자 97이 등장하는 수학적 사실 하나와 문제 하나를 소개하며 마무리하자.

- 97은 9와 7로 이루어진 소수인데, 9와 7 사이에 0을 몇 개 넣은 수도 소수이다.

97 ⇨ 소수

907 ⇨ 소수

9007 ⇨ 소수

90007 ⇨ 소수

900007 ⇨ 소수

이쯤 되면 9와 7 사이에 5개의 0이 들어간 9000007도 소수가 아닐까 하는 생각이 든다. 하지만 이런 기대를 깨고 9000007은 합성수이다 ($= 277 \times 32491$).

Q. 1부터 97까지 홀수를 연이어 써서 만들어지는 수 135791113⋯9597도 소수이다. 그런데 이 소수는 몇 자릿수일까? (답은 346쪽 '답 맞추기'에서 확인)

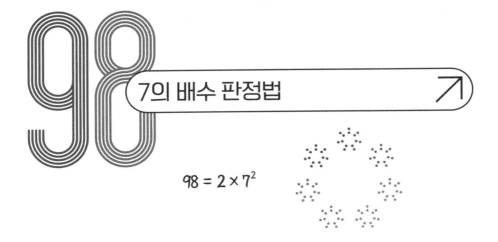

7의 배수 판정법

$$98 = 2 \times 7^2$$

분수 계산 후 답을 낼 때는 늘 약분해서 더 이상 간단하게 할 수 없는 모양, 즉 기약분수로 만든다. 분모와 분자의 수가 어떤 수의 배수인지를 알고 그 수로 나눠야 약분이 되는데, 다루는 수가 커지면 어떤 수로 나눠야 할지 금방 알기가 어렵다. 그래서 배수를 알아보는 방법(판정법)을 알아 두면 유용하게 쓸 수 있다. 2와 5의 배수는 일의 자릿수를 보면 되고, 3, 6, 9의 배수는 각 자릿수의 합을 따져 보고, 4와 8의 배수는 각각 뒤의 두 자리, 세 자리를 보면 된다.

그런데 7의 배수는 어떻게 알아볼까? 마침 98은 7의 제곱에 2를 곱한 수이므로 7의 배수이다. 그러고 보니 학교에서 7의 배수 판정법을 배운 적이 없는 것 같다. 런던에 사는 12세 소년도 마찬가지였던 듯하다.

나이지리아 출신으로 런던에 살고 있는 치카 오필리(Chika Ofili, 2007~)는 선생님에게서 재미 삼아 풀어 보라고 다양한 문제가 들어 있는 퍼즐책을 받았다. 책에는 본격적인 퍼즐 문제를 풀기 전에 주어진 수가 2, 3, 4, 5, 6, 7, 8, 9로 나누어지는지 알아보는 여러 나눗셈 문제들이 있었다. 다른 수의 배수 판정법은 소개되어 있는데, 유독 7의 배수 판정법이 없는 것을 본 소년은 스스로 그 방법을 찾기로 했다.

치카는 일의 자릿수에 5를 곱한 다음 이 수를 나머지 부분에 더해 새로운 수를 얻고, 이 수가 7로 나눠진다면, 원래의 수도 7로 나뉠 수 있다는 것을 발견했다. 7의 배수인지 알아보는 새로운 방법을 생각해 낸 것이다.

예를 들어 86415가 7의 배수인지 아닌지 알아보려면 다음과 같이 계산하면 된다.

① 86415   8641 + 25 = 8666
   ↓
      $5 \times 5 = 25$

② 8666   866 + 30 = 896
   ↓
      $6 \times 5 = 30$

③ 896   89 + 30 = 119
   ↓
      $6 \times 5 = 30$

④ 119   11 + 45 = 56
   ↓
      $9 \times 5 = 45$

56 = 7×8로 7의 배수이므로 86415는 7의 배수라는 걸 알 수 있다.

이 7의 배수 판정법은 소년의 이름을 따서 '치카의 판정법'이라고 부르기로 했다. 이 판정법을 발표해서 치카는 2019년 트루리틀 히어로 상(TruLittle Hero Awards)을 받았다. 스스로 문제의식을 품고 탐구한 치카의 리더십을 칭찬하는 의미였다.

그런데 치카의 판정법은 '스펜스의 판정법'이라고 불리는 기존에 알려진 7의 판정법과 같은 방법이다. 치카의 판정법이 일의 자릿수에 5를 곱한 수를 더하는 것이라면 스펜스의 판정법은 2를 곱한 수를 빼는 것이다. 이 차이를 제외하고는 같은 방법이다. 앞에서 예로 들었던 86415를 스펜스의 방법으로 다음과 같이 계산하면 7의 12배인 84가 나온다.

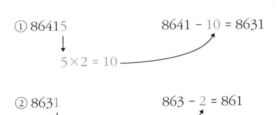

사실 2를 곱한 수를 빼는 것은 -2를 곱한 수를 더하는 것과 같기 때문에 치카의 판정법은 스펜스의 판정법에서 -2를 5로 바꾼 방법이다.

여기서 질문이 생긴다. -2와 5가 엄연히 다른 수인데, 왜 둘 다 7의 배수를 가려낼 수 있는 걸까? 그 이유는 -2와 5, 둘 다 7로 나누었을 때 나머지가 같은 수이기 때문이다. -2를 7로 나눌 수 없는데 어떻게 나머지를 구하냐는 질문이 생긴다. 이때는 나눗셈의 검산식을 생각하자. 나누는 수에 몫을 곱하고 나머지를 더했을 때 나오는 수가 나누기 전 수인지 확인하면 된다. 예를 들어 5를 7로 나눴을 때의 검산식은 $7 \times 0 + 5 = 5$이고, $7 \times (-1) + 5 = -2$이므로 둘 다 나머지가 5이다.

책을 찾아보고 검색해 보니 다양한 7의 배수 판정법이 존재한다. 몇 가지 방법에는 발견한 사람의 이름이 붙어 있다. 다른 사람이 찾아 놓은 방법을 잘 이용하는 것도 중요하지만, 나만의 방법을 찾아보면 더 많은 것을 발견하게 될 것이다.

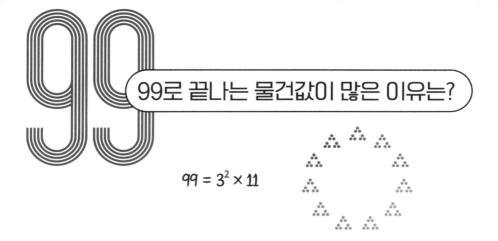

99로 끝나는 물건값이 많은 이유는?

$$99 = 3^2 \times 11$$

두 자릿수 중 가장 큰 수인 99에 관한 이야기를 할 차례이다. 대형 마트나 온라인 스토어에서 판매 중인 물건 가격을 살펴보면 2,990원, 9,900원, 1만 2,990원 등 가격의 끝자리에 99가 있는 경우가 많다. 1,000원이나 10,000원처럼 딱 떨어지는 가격이면 거스름돈이 생기지 않아서 편리할 텐데 왜 이렇게 가격을 정하는 걸까?

99를 끝자리에 넣어서 가격을 정하는 것은 소비자의 심리를 이용하는 판매 전략 중 하나이다. 물건값이 얼마인지 볼 때, 사람들은 왼쪽 숫자를 더 중요하게 여기는 경향이 있다. 정보를 오랜 시간 기억하기 위해 가장 중요한 것을 우선적으로 기억하는데, 기억해야 할 숫자가 길면 길수록 맨 왼쪽 숫자만 기억하게 된다. 이를 '왼쪽 숫자 효과(Left-Digit Bias)'라고 한다. 예를 들어 1,000원짜리 물건과 990원짜리 물건이 같이 놓여 있다면, 소비자는 990원짜리 물건의 가격을 900원대로 인식한다. 두 물건의 실제 가격 차이는 10원이지만 소비자는 100원 차이로 여기고, 더 싸게 느껴지는 990원짜리 물건을 집어 들게 된다.

또한 소비자는 끝자리에 99가 들어가는 숫자로 된 가격을 원래 가격에서 할인된 가격으로 인식한다. 950원에 팔던 물건을 990원에 팔았더니 판매량이 늘었다고 한다. 990원이라는 가격이 원래 가격 1,000원에서 10원을 깎아 주는 것처럼 느껴져 지갑을 여는 소비자가 늘어난 것이다.

때로 990원 같은 가격은 1,000원보다 품질이 떨어진다는 인식을 줄 수도 있다. 하지만 동시에 '품질 좋고 저렴한 상품', '합리적인 소비'와 같은 이미지를 연상시킬 수도 있다. 가성비를 중요시하며 가격에 민감한 소비자들을 끌어들이기에 적합한 가격 책정 방식이라고 하겠다.

하나라도 더 팔기 위한 판매 전략 외에도 다른 이유가 있다는 그럴듯한 이야기가 있다. 바로 점원이 현금을 빼돌리는 것을 막기 위해서 9로 끝나는 숫자를 가격으로 정했다는 것이다. 예전의 상점에서는 작은 금고 역할을 하는 금전 등록기를 사용했는데, 고객에게 영수증을 발행하고 들어온 돈을 기록하는 기능을 가지고 있었다. 물건값을 2,000원, 10,000원 같이 딱 떨어지는 가격으로 하면 점원이 고객이 낸 돈을 금전 등록기가 아닌 자기 주머니에 넣어도 모를 수 있다. 하지만 고객이 9,900원짜리 물건을 사려고 10,000원을 내면, 점원은 거스름돈을 줘야 하니까 금전 등록기를 열 수밖에 없다. 작은 거스름돈으로 내부의 도둑을 막는 현명한 가격 정책이다.

숫자에 대한 책이니 99가 가지는 재미있는 성질 하나를 소개하겠다. 두 자릿수 하나를 골라 보라. 그 수를 거꾸로 해서 새로운 두 자릿수를 만들어라. 두 수를 모두 제곱한 다음 큰 수에서 작은 수를 빼라. 어떤 수를 골랐던지 이 계산을 통해 나온 수는 항상 99로 나눠진다. 정말인지 예를 들어 확인해 보자. 만일 31을 골랐다면, 31의 제곱에서 31을 거꾸로 한 13의 제곱을 뺐을 것이다.

$$31^2 - 13^2 = 961 - 169 = 792$$

실제 792는 99로 나머지 없이 나누어떨어진다!

이제 99에 대한 숫자 퍼즐로 마무리하자. 9부터 1까지 숫자를 순서대로 늘어놓은 987654321 사이에 몇 개의 덧셈 부호를 적당히 넣으면 99를 만들 수 있다고 한다. 도전해 보자. (답은 346쪽 '답 맞추기'에서 확인)

덧셈 기호 7개를 사용하는 경우 :

9 + 8 + 7 + ☐ + ☐ + ☐ + ☐ + 1 = 99

덧셈 기호 6개를 사용하는 경우 :

9 + 8 + 7 + ☐ + ☐ + ☐ + ☐ = 99

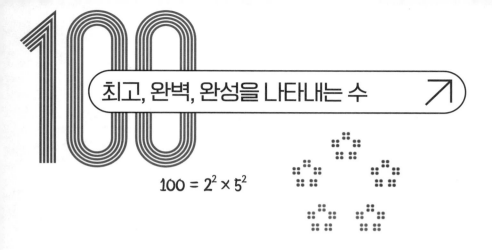

$100 = 2^2 \times 5^2$

0부터 9까지 10개의 한 자리 숫자와 10부터 99까지 90개의 두 자리 숫자에 관한 이야기 끝에 마침내 첫 세 자리 숫자 100에 대한 이야기를 할 차례다.

100은 사람이 손가락, 발가락을 써서 셀 수 있는 가장 큰 수다. 또한 100은 완성을 뜻하는 10이라는 숫자를 제곱한 수이기도 하다. 따라서 100은 완성, 완벽함을 의미한다. 대부분의 시험에서 가장 높은 점수는 100점이다. 그냥 '백 점'도 아니고 '꽉 찬 점수'라는 뜻을 위해 '만점'을 붙여 '백 점 만점'이라고 말하고는 한다. 더할 나위 없이 완벽하다는 뜻이다.

100을 나타내는 한자 일백 백(百)이 들어가는 여러 단어를 살펴보면 숫자 100이 지닌 의미를 미루어 짐작해 볼 수 있다. 나라의 근본을 이루는 국민을 가리킬 때, 옛날에는 '백성(百姓)'이라는 말을 썼다. 100가지나 되는 다양한 성(姓)을 가진 수많은 사람이라는 뜻이다. 없는 게 없이 다양한 물건을 파는 곳인 '백화점(百貨店)', 세상의 모든 지식을 담은 '백과

사전(百科事典)'에도 숫자 100을 나타내는 일백 백(百)이란 한자가 들어 간다. 수확의 계절인 가을에 나오는 풍성한 식재료를 가리킬 때, 다섯 가지 곡식과 100가지 과일이라는 뜻을 지닌 '오곡백과(五穀百果)'란 말을 쓴다. 또한 결혼과 장례라는 큰 행사에 자주 쓰이는 백합은 주로 흰색이다. '순결함, 변함없는 사랑, 순수한 영혼'이라는 꽃말을 가진 하얀 백합이 자주 쓰이다 보니 백합의 백이라는 글자가 흰 백(白)을 쓴다고 생각하기 쉽다. 실제로는 땅 속 비늘줄기 여러 조각이 합쳐 하나의 뿌리를 이룬다고 해서 일백 백(百)을 쓴다. 이렇게 쓰이는 숫자 100은 '전부' 또는 '셀수 없이 많다'는 뜻이다.

100년을 1세기(century)라고 한다. 문자로 숫자를 대신했던 로마 숫자에서는 C로 100을 나타냈다. 백분율(百分率) 또는 퍼센트(percent)는 수를 100과의 비로 나타내는 방법이다. 100%는 전체 100 중 100, 즉 $\frac{100}{100}=1$을 뜻한다. 어떤 사건이 일어날 확률이 100%라고 하면, 그 사건은 반드시 일어난다.

과학에서 숫자 100은 물의 끓는점으로 등장한다. 정확히 말하자면, 물은 표준 대기압(1기압)에서 100℃에서 끓는다. 현재 우리가 쓰고 있는 '섭씨' 온도 척도는 처음 제안한 스웨덴의 천문학자 안데르스 셀시우스(Anders Celsius)의 이름에서 따왔다. 그는 현재의 쓰임과는 반대로 물이 어는점을 100℃, 끓는점을 0℃로 하자고 제안했는데, 많은 사람들이 어색하고 불편하게 느껴서 어는점은 0℃, 끓는점은 100℃로 정해졌다.

수학에서 100은 여러 가지 재미있는 성질을 지니고 있다. 처음 3개의 소수를 더하면 10이 되고, 처음 3^2개의 소수를 더하면 $10^2 = 100$이 된다.

$$2 + 3 + 5 = 10$$
$$2 + 3 + 5 + 7 + 11 + 13 + 17 + 19 + 23 = 100$$

또한 처음 자연수 4개를 더하면 10이 되고, 처음 자연수 4개의 세제곱을 더하면 100이 된다.

$$1 + 2 + 3 + 4 = 10$$
$$1^3 + 2^3 + 3^3 + 4^3 = 100$$

따라서 다음과 같은 식이 성립한다.

$$(1 + 2 + 3 + 4)^2 = 1^3 + 2^3 + 3^3 + 4^3$$

이제 0부터 100까지 숫자에 대한 이야기를 숫자 퍼즐로 마무리하자.

1부터 9까지의 숫자를 '순서대로' 사용하고, '덧셈'과 '뺄셈'만 이용해서 100을 만들어 보자. 1부터 9까지 더한 값은 45이므로 123나 45 등과 같이 연속된 수를 하나의 큰 수로 봐도 된다. 예를 들면 다음과 같이 말이다.

$$123 - 45 - 67 + 89 = 100$$

이 식을 포함해서 총 11가지의 방법으로 100을 만들 수 있다. 11가지 방법을 모두 찾았다면 곱셈이나 소수점 등 다양한 수학 기호를 사용하는 방법도 찾아보자. (답은 346쪽 '답 맞추기'에서 확인)

답 맞추기

· 모든 답은 위 → 아래, 왼쪽 → 오른쪽의 순서를 따릅니다.

8이 아닌 다른 숫자 중 똑같은 숫자 3개를 사용해서 24를 나타내는 방법을 찾아보자.

→ 22+2 = 24, 3^3-3 = 24

24번 글 25번 글

1부터 100까지의 자연수 중 소수 25개는?

→ 2, 3, 5, 7, 11, 13, 17, 19, 23, 29, 31, 37, 41, 43, 47, 53, 59, 61, 67, 71, 73, 79, 83, 89, 97

39번 글

빈칸에 적당한 수를 넣어 파스칼의 삼각형을 완성해 보자.

→ 위쪽 빈칸부터 순서대로 15, 70, 36, 45, 210

43번 글

다음 표의 빈칸을 채워서 맥너겟 수를 찾아보자.

0	(0, 0, 0)	1	–	2	–	3	–	4	–	5	–
6	(1, 0, 0)	7	–	8	–	9	(0, 1, 0)	10	–	11	–
12	(2, 0, 0)	13	–	14	–	15	(1, 1, 0)	16	–	17	–
18	(3, 0, 0)	19	–	20	(0, 0, 1)	21	(2, 1, 0)	22	–	23	–
24	(4, 0, 0)	25	–	26	(1, 0, 1)	27	(3, 1, 0)	28	–	29	(0, 1, 1)
30	(5, 0, 0)	31	–	32	(2, 0, 1)	33	(4, 1, 0)	34	–	35	(1, 1, 1)
36	(6, 0, 0)	37	–	38	(3, 0, 1)	39	(5, 1, 0)	40	(0, 0, 2)	41	(2, 1, 1)
42	(7, 0, 0)	43	–	44	(4, 0, 1)	45	(6, 1, 0)	46	(1, 0, 2)	47	(3, 1, 1)
48	(8, 0, 0)	49	(0, 1, 2)	50	(5, 0, 1)	51	(7, 1, 0)	52	(2, 0, 2)	53	(4, 1, 1)

44번 글

44의 각 자릿수를 제곱하여 더하는 과정을 반복하면 44가 행복한 수라는 것을 알 수 있다. 직접 계산해 보자.

→ 왼쪽 빈칸부터 순서대로 16+16 = 32, 3^2+2^2 = 9+4 = 13, 1^2+3^2 = 1+9 = 10, 1^2+0^2

346

각각의 피타고라스 소수가 어떤 자연수의 제곱을 더한 것인지 찾아보자.

→ 위쪽 빈칸부터 순서대로 1, 2, 2, 3, 1, 4, 2, 5, 1, 6, 2, 7, 5, 6, 3, 8, 5, 8, 4, 9

앞의 두 수의 합으로 다음 수를 만드는 규칙으로 빈칸을 채워 보자.

→ 위쪽 빈칸부터 순서대로 5, 8, 13, 21, 34, 55

빈칸을 채워 자연수의 제곱수 3개의 합으로 62를 나타내는 방법 두 가지를 찾아보자.

→ 왼쪽 빈칸부터 1^1, 6^2(순서 바꾸어 6^2, 1^1도 가능), 2^2, 7^2(순서 바꾸어 7^2, 2^2도 가능)

원판 개수에 따라 옮기는 횟수를 따져서 표의 빈칸을 채워 보자.

→ 왼쪽 빈칸부터 순서대로 7, 15, 31, 63

n번째 육각수는 n(2n-1)이다. 이 공식의 n에 1, 2, 3, 4, …를 넣어 100보다 작은 육각수를 모두 구해 보자. 15 뒤에 이어질 숫자는?

→ 왼쪽 빈칸부터 순서대로 28, 45, 66, 91

각 수를 서로 다른 두 소수의 합으로 나타내는 방법을 찾아보자. (두 수의 순서는 상관없다.)

→ 빈칸에 들어갈 답은 순서대로 5와 11, 7과 11, 7과 13, 5와 17, 7과 19, 13과 19, 19와 43, 31과 37

제곱해서 더한 값이 78이 되게 하는 양의 정수 4개를 찾아보자. (두 가지, 순서는 상관없다.)

→ 1, 4, 5, 6

→ 2, 3, 4, 7

$x^y + y^x$인 레이랜드 식에서 x, y에 1보다 큰 자연수를 차례로 넣어 100 이하의 레이랜드 수를 구해 보자.

→ 위쪽 빈칸부터 순서대로 8, 17, 32, 17, 57, 100

$x^y - y^x$인 레이랜드 식에서 x, y에 1보다 큰 자연수를 차례로 넣어 100 이하의 두 번째 종류의 레이랜드 수를 구해 보자.

→ 위쪽 빈칸부터 순서대로 0, 1, 7, 17, 28, 79

각 수가 스미스 수가 맞는지 표의 빈칸을 채워 확인해 보자.

수	원래 수의 각 자릿수 합	소인수분해	소인수분해 자릿수들의 합	스미스 수 여부
22	2 + 2 = 4	2×11	2 + 1 + 1 = 4	○
27	2 + 7 = 9	3×3×3	3 + 3 + 3 = 9	○
58	5 + 8 = 13	2×29	2 + 2 + 9 = 13	○
85	8 + 5 = 13	5×17	5 + 1 + 7 = 13	○
94	9 + 4 = 13	2×47	2 + 4 + 7 = 13	○

m각수와 삼각수의 관계를 생각해 다음 식의 빈칸을 채워 보자.
n번째 m각수 = n번째 삼각수 + [   ] × (n−1)번째 삼각수

→ 빈칸에 들어갈 답은 m−3

1부터 97까지 홀수를 연이어 써서 만들어지는 수 135791113…9597도 소수이다. 이 소수는 몇 자릿수일까?

→ 한 자릿수 5개, 11부터 97까지는 두 자릿수. 11 = 2 × 5 + 1이고 97 = 2 × 48 + 1이므로 두 자릿수 홀수의 개수는 48 − 5 + 1 = 44개. 그러므로 주어진 소수는 5 + 2 × 44 = 93자릿수.

9부터 1까지 숫자를 순서대로 늘어놓은 987654321 사이에 몇 개의 덧셈 부호를 적당히 넣으면 99를 만들 수 있다. 빈칸을 채워 보자.

→ 덧셈 기호 7개를 사용하는 경우에서 빈칸은 65, 4, 3, 2, 덧셈 기호 6개를 사용하는 경우에서 빈칸은 6, 5, 43, 21이다.

1부터 9까지의 숫자를 '순서대로' 사용하고, '덧셈'과 '뺄셈'만 이용해서 100을 만들어 보자.

→ 덧셈, 뺄셈만 이용하는 11가지 방법

$123+45-67+8-9 = 100$

$123+4-5+67-89 = 100$

$123-45-67+89 = 100$

$123-4-5-6-7+8-9 = 100$

$12+3+4+5-6-7+89 = 100$

$12+3-4+5+67+8+9 = 100$

$12-3-4+5-6+7+89 = 100$

$1+23-4+56+7+8+9 = 100$

$1+23-4+5+6+78-9 = 100$

$1+2+34-5+67-8+9 = 100$

$1+2+3-4+5+6+78+9 = 100$

→ 다양한 수학 기호 이용하는 방법

$12+3.4+5.6+7+8 \times 9 = 100$

$1+2+3+4+5+6+7+8 \times 9 = 100$

$1 \times 2 \times 3-4 \times 5+6 \times 7+8 \times 9 = 100$

• 참고 도서

《뜻밖의 수학》 박종하 지음, 세개의 소원, 2022.

《보통 사람들을 위한 특별한 수학책》 루돌프 타슈너 지음, 박병화 옮김, 이랑, 2016.

《불편을 편리로 바꾼 수와 측정의 역사》 권윤정 지음, 플루토, 2023.

《소수는 어떻게 사람을 매혹하는가?》 다케우치 가오루 지음, 서수지 옮김, 사람과나무사이, 2018.

《수학이 나를 불렀다》 로버트 카니겔 지음, 김인수 옮김, 사이언스북스, 2000.

《수학이 보이는 루이스 캐럴의 이상한 여행》 문태선 지음, 궁리, 2023.

《수학이 보이는 바흐의 음악 여행》 문태선 지음, 궁리, 2024.

《수학의 감각》 박병하 지음, 행성B, 2018.

《숫자, 세상의 문을 여는 코드》 피터 벤틀리 지음, 유세진 옮김, 성균관대학교출판부(SKKUP), 2008.

《숫자의 감춰진 비밀》 오토 베츠 지음, 배진아·김혜진 옮김, 푸른영토, 2009.

《숫자의 문화사》 하랄트 하르만 지음, 전대호 옮김, 알마, 2013.

《숫자로 보는 세상의 비밀》 위르겐 브라터 지음, 장혜경 옮김, 비룡소, 2011.

《즐거운 숫자 문명사전》 메리 데스몬드 핀코위시·피터 데피로 공저, 김이경 옮김, 서해문집, 2003.

《피보나치 넘버스》 헤르트 A. 하우프트만·알프레드 S, 포사멘티어·잉그마 레만 공저, 김준열 옮김, 늘봄, 2010.

《365 수학》 박부성·정경훈·이한진·이종규·이철희 공저, 대한수학회 기획, 사이언스북스, 2020.

《Proofs Without Words》 Roger B. Nelsen, The Mathematical Association of America, 1993.

• 참고 논문

배선복, 박창균 〈'문화적' 소수 : 2, 3, 5〉, 한국수학사학회지 Vol. 27 no.3(June 2014), 183-195.
김낭예 〈숫자 상징을 활용한 한국 문화 교육 연구〉, 비교문화연구 2016년 43권, 139-160.

• 참고 사이트

* 울프람알파 https://www.wolframalpha.com/
수학과에서 유용하게 사용하는 프로그램 매스매티카 개발자가 만든 검색엔진. 기본적인 계산부터
미적분 계산, 그래프 그리기는 물론 과학, 공학, 지리학, 경제학 등 다양한 분야에 대한 지식을 인공
지능을 통해 검색하고 재구성해서 제공해 준다.

* 프라임 큐리어스 https://t5k.org/curios/
소수와 관련된 사소하지만 흥미로운 사실들을 모은 사이트. 소수에 미친 사람들이 발견한 새로운
사실들이 계속 업데이트되고 있다.

* 팻의 블로그 https://pballew.blogspot.com/
은퇴한 수학 교사의 블로그. 매일 그날과 관련된 수학 지식, 수학자의 생애 등이 잘 정리되어 있다.

* 수학 교사 돈 스튜어드의 블로그 https://donsteward.blogspot.com/
평생 좋은 수학 수업을 만드는 일에 열정적이었던 수학 교사 돈 스튜어드의 수업 교재를 담고 있는
사이트. 누구든 활용할 수 있도록 자신의 자료를 공개했던 그의 뜻을 이어받아 2020년 그가 세상
을 떠난 후에도 유족들은 이 사이트를 운영하고 있다.

줄 틈 없는 수학책

2024년 10월 02일 초판 01쇄 발행
2024년 11월 20일 초판 02쇄 발행

지은이 송명진

발행인 이규상 편집인 임현숙
편집장 김은영 책임편집 강정민 책임마케팅 이채영
콘텐츠사업팀 문지연 강정민 정윤정 원혜윤 이채영
디자인팀 최희민 두형주
채널 및 제작 관리 이순복 회계팀 김하나

펴낸곳 (주)백도씨
출판등록 제2012-000170호(2007년 6월 22일)
주소 03044 서울시 종로구 효자로7길 23, 3층(통의동 7-33)
전화 02 3443 0311(편집) 02 3012 0117(마케팅) 팩스 02 3012 3010
이메일 book@100doci.com(편집·원고 투고) valva@100doci.com(유통·사업 제휴)
포스트 post.naver.com/black-fish 블로그 blog.naver.com/black-fish
인스타그램 @blackfish_book

ISBN 978-89-6833-479-5 03410
ⓒ송명진, 2024, Printed in Korea